Melanie von Groll
CONNECT, TRUST, CARE

Melanie von Groll

CONNECT
TRUST
CARE

Hacks für interkulturelle
Führung und Co-Creation

Verlag Franz Vahlen München

vahlen.de

ISBN Print: 978 3 8006 7526 5
ISBN E-Book (ePDF): 978 3 8006 7527 2
ISBN E-Book (ePub): 978 3 8006 7528 9

© 2024 Verlag Franz Vahlen GmbH,
Wilhelmstr. 9, 80801 München
Druck und Bindung: Beltz Grafische Betriebe GmbH
Am Fliegerhorst 8, 99947 Bad Langensalza

Satz: Fotosatz Buck
Zweikirchener Str. 7, 84036 Kumhausen
Produktion: Sieveking Agentur, München
Umschlag: Ralph Zimmermann – Bureau Parapluie
Covermotiv und Abbildungen: ROBERTOFERRARO.ART

vahlen.de/nachhaltig

Gedruckt auf säurefreiem, alterungsbeständigem Papier
(hergestellt aus chlorfrei gebleichtem Zellstoff)

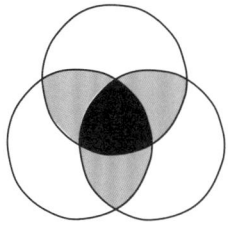

INHALTSVERZEICHNIS

Für Flora, wo auch immer Du bist.
Dein Blick auf mich war der beste Start in diese diverse Welt:
SAWUBONA.*

---

* Frei übersetzt aus der Zulu-Sprache: Ich erkenne Dich in Deinem Wesen,
und indem ich Dich erkenne, erwecke ich Dich zum Leben.
(I see you and by seeing you I bring you into being.)

Brené Brown (TED Talk, Power of Vulnerability, 2010) greift diesen Gedanken
auf und sagt, dass echte und wertstiftende Verbindung zwischen uns Menschen
nur dann stattfinden kann, wenn wir den Mut haben, uns so zu zeigen,
wie wir wirklich sind: »In ordner for connection to happen, we have to allow
ourselves to be seen, really seen.«

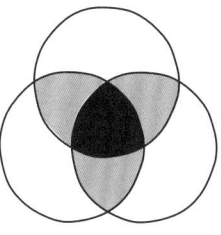

VORWORT

Liebe Führungskraft,

schön, dass wir uns hier treffen! Wahrscheinlich hast Du dieses Buch in der Hand, weil Du nach einer Antwort suchst. Eine Lösung, die funktioniert. Auch in Deinem Business, auch für Dein Team. Vielleicht hast Du sogar eine Reihe von Themen auf dem Tisch, die Dich als Führungskraft überfordern. Dann bist Du hier genau richtig.

Leistungsstarke Teams, die aus motivierten Menschen bestehen, die ihre Stärken voll entfalten können und kompetente Führungskräfte, die gemeinsam mit ihren Teams hochgesteckte Ziele erreichen – das wünscht sich jedes Unternehmen, jedes Team und jede Führungskraft. An dieser Erwartung werden Führungskräfte gemessen. Dieser Anspruch kommt Dir vermutlich bekannt vor. Ich habe allerdings die Erfahrung gemacht, dass die wenigsten Führungskräfte auf diese komplexe Aufgabe vorbereitet sind. Und zu wenig Unterstützung erhalten. Geht Dir das auch so? Du weißt nicht genau, wie Du mit einem aus unterschiedlichsten Persönlichkeiten zusammengesetzten Team schlagkräftig agieren kannst? Vielleicht, weil Du nicht sicher bist, wie Du Unterschiede gut überbrücken kannst. Vielfalt in Meinungen, Anschauungen und Arbeitsweisen effizient unter einen Hut zu bringen, ist nicht einfach. Außerdem fehlen Dir vielleicht Methoden, wie Du zwischenmenschliche

Dynamiken und Unstimmigkeiten ausbalancieren kannst. Gleichzeitig sollst Du auch noch ambitionierte Ziele erreichen. Davon hängt in vielen Fällen nicht nur Dein Bonus ab, sondern wahrscheinlich auch der nächste Karriereschritt. Es steht viel auf dem Spiel. Es lohnt sich also, die Voraussetzungen für erfolgreiche Teams und nachhaltige Führung zu verstehen. Interessante Modelle zu den einzelnen Aspekten gibt es in der Forschung jede Menge. Das Besondere an diesem Buch ist:

Ich verzahne zentrale Erkenntnisse aus Zusammenarbeit und Führung mit Erin Meyers interkulturellem Rahmenwerk[1] und füge weitere Praxiselemente hinzu, die aus meiner Sicht eine wertvolle Ergänzung darstellen. So ergibt sich ein neuer Gesamtzusammenhang. Und zwar nicht theoretisch, sondern konkret. Warum ist das relevant? Weil in der Praxis die einzelnen Aspekte nicht voneinander zu trennen sind. Sie treten immer gleichzeitig auf. Ausnahmslos. In international tätigen Unternehmen ohnehin.

Lass es mich genauer erklären. Erin Meyer ist Professorin an der INSEAD Business School für Unternehmensführung und hat sich auf interkulturelles Management spezialisiert. In ihrem bahnbrechenden Werk *The Culture Map* von 2014 (Originalausgabe)[2] hat sie acht Dimensionen entwickelt, die die Zusammenarbeit von Menschen auf der ganzen Welt beschreiben: von der Kommunikation über Vertrauensaufbau, Führung, Feedback und bis hin zur Art und Weise, wie Meetings abgehalten werden. Für jede Dimension entwirft sie eine Skala, an deren jeweiligen Enden gegenläufige Tendenzen beschrieben werden. Über die Skalen legt sie unterschiedlichste Kulturen, um aufzuzeigen, wie deren bevorzugte Verhaltenstendenz ist. Für viele, die international arbeiten, ist dieses Buch ein Augenöffner. Es hilft Dir zu verstehen, wie sich bestimmte Kulturen in konkreten Business-Dimensionen verhalten – und warum. Und was Du als Führungskraft tun kannst, um entsprechende Unterschiede innerhalb Deines Teams zu überbrücken. Das kann Dir schon mal enorm das Leben erleichtern. Jetzt wird es spannend. Denn das allein reicht noch nicht.

Auch wenn Du interkulturelle Unterschiede in Deinem Team erkannt hast und nun weißt, wie Du sie überbrücken kannst, heißt das noch lange nicht, dass sich alle Deine Teammitglieder gesehen und gehört fühlen und bereit sind, sich einzubringen. Das tun sie erst, wenn

Du einen sicheren Rahmen geschaffen hast, in dem sie vertrauensvoll miteinander arbeiten können. Angstfrei und positiv motiviert. Fehler machen und daraus lernen. Dieser Rahmen nennt sich *Psychologische Sicherheit*. Eine praxisorientierte Möglichkeit, psychologische Sicherheit in Deinem Team herzustellen, bietet das SCARF-Modell von David Rock[3]. Es bildet psychologische Grundbedürfnisse am Arbeitsplatz ab und gilt universell – also für alle Kulturen weltweit. Dieses Modell besteht aus fünf Säulen, deren Anfangsbuchstaben zur Abkürzung **SCARF** führen (**S**tatus, **C**ertainty, **A**utonomy, **R**elatedness, **F**airness).

Das menschlich universell geltende SCARF-Modell verbinde ich mit Meyers *Culture Map* der spezifischen kulturellen Verhaltenstendenzen und füge andere Modelle hinzu, die eine sinnvolle Weiterentwicklung der von Meyer beschriebenen Dimensionen darstellen. Es entsteht damit eine umfassende und ganzheitliche Sicht der Dinge, ein neuer Ansatz von *verzahnter Führung*.

Damit erhältst Du als Führungskraft einen kompakten Überblick mit praktischen Anleitungen. Sie sollen Dir helfen, Deine Aufgabe zu meistern, Menschen zu führen und gemeinsam Unternehmensziele zu erreichen. Menschen, die sich von Dir gesehen fühlen und motiviert werden, sich weiterzuentwickeln, werden gern mit Dir zusammenarbeiten. Weil Du sie förderst und forderst. So erzeugst Du Bindung. Bindung an Dich, an Dein Team, ans Unternehmen. Der Blick auf den Arbeitsmarkt zeigt es Dir: Fachkräftemangel und Mitarbeiterbindung gehören zu den größten aktuellen Herausforderungen, für die Unternehmen eine Antwort suchen.

Ist das Buch für Dich auch dann interessant, wenn Du in einem Unternehmen arbeitest, das hauptsächlich den nationalen Markt bedient und Dein Team nicht interkulturell zusammengesetzt ist? Unbedingt. Auch in monokulturellen Teams, die in einem kulturell einheitlichen Umfeld tätig sind (was im Zuge der Globalisierung und Digitalisierung immer seltener wird), gibt es eine große Bandbreite an Vielfalt. Denn: Überall, wo Menschen sind, ist es vielfältig. International anerkannte Vielfaltsdimensionen unterscheiden sich nach Geschlechtern, Generationen, sozialer oder ethnischer Herkunft, sexueller Identität, körperlicher und geistiger Verfassung, Weltanschauung[4], aber auch nach Mindset, Arbeitsstilen und Erfahrungen. Diese Liste ist längst nicht abschließend. Die Auseinandersetzung mit Meyers interkulturellen Business-

Dimensionen ist auch für diese gesellschaftlichen Vielfaltsdimensionen hilfreich. Denn wenn Du als Führungskraft verstanden hast, welche Pole, also welche gegensätzlichen Verhaltensweisen die Skala einer bestimmten Dimension ausmachen, dann wird es Dir leichter fallen, einen guten Mittelweg zu finden, der für Dein Team machbar und effektiv ist. Es wird Dir deswegen leichter fallen, weil Du beim Lesen Dein Denken trainierst, gegenläufige Tendenzen miteinander zu vereinbaren.

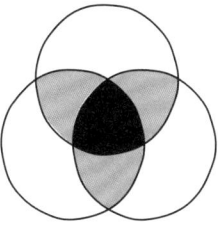

I. CHECK-IN

Floras Geschichten waren Feuerwerke für die Sinne. Wenn sie mir etwas erzählte, setzte sie ihren ganzen Körper ein. Ihre Arme malten große Bilder in die Luft, alles an ihr bewegte sich. Ihre Stimme war dunkel, ihre Augen funkelten. Die Klicklaute ihrer Sprache reihten sich aneinander wie Glasmurmeln auf einer Bahn, die sich überholen wollten. Ich staunte über das, was sie erzählte, vollkommen gebannt. Wenn sie lachte, mich auf ihren Schoß zog und hin und her wiegte, war die Geschichte wieder gut ausgegangen, so wie jedes Mal.

Ich ahnte damals nicht, wie prägend diese Nähe und Lebendigkeit für mein Leben sein sollten. Und wie sehr mir ihre Wärme und die bunten Farben ihrer Welt eines Tages fehlen würden. Flora war in meiner Nähe, seit ich auf der Welt war. Sie passte auf mich und meine beiden Brüder auf. Wir lebten in Johannesburg, Südafrika. Erst in Deutschland, viele Jahre später, wurde mir bewusst, dass Flora und ich gar nicht dieselbe Sprache sprachen. Jedenfalls nicht im engeren Sinne. Als Kind war mir das nicht aufgefallen. Noch heute frage ich mich, warum ich mich an ihre Geschichten mit so vielen Einzelheiten erinnern kann. Was habe ich eigentlich verstanden und was hat sie mir *wirklich* erzählt? Für unsere enge Bindung war das offenbar nicht wichtig.

An einen Abschied aus Südafrika erinnere ich mich nur vage. Als Kind war mir die Dimension nicht klar: das Haus in Kisten packen, mich von Flora und Freunden zu verabschieden. Es gab keine richtige Verabschiedung. Wahrscheinlich dachte ich, ich gehe auf eine Reise. Ich wusste damals nicht, dass sich endgültig ein Kapitel schließen und sich ein neues öffnen würde. An den Nachtflug nach Deutschland erinnere ich mich sehr genau. Wir sahen einen Film. Das allein war schon bemerkenswert, denn wir Kinder sind ohne Fernseher aufgewachsen. Filme waren daher für uns doppelt eindrücklich. Damals hatten die Passagiere nicht einen Bildschirm im Sitz des Vorderplatzes, sie konnten die Filme auch nicht individuell wählen. Alle paar Sitzreihen gab es eine große Leinwand, nach der sich alle Hälse reckten. Genau dort saßen wir: vor der großen Leinwand. Jemand im Film hatte Nasenbluten. Riesiges Blut auf riesiger Leinwand. Ich war fast Teil der Szene – es sah so aus, als würde das Blut direkt auf mich heruntertropfen. Ich schüttelte mich. Ich wollte nicht nach Deutschland. Das war mir zu ekelig.

Als wir ankamen, war es Winter. Winter Ende der 70er Jahre. Es war dunkel und kalt. So kalt kannte ich es gar nicht. Meistens regnete es. Es wurde manchmal gar nicht hell. Wir lebten nun in einem kleinen Dorf in Niedersachsen. Wenn wir auf der Straße waren, zogen die Menschen die Vorhänge zur Seite, um uns besser sehen zu können. Und zeigten mit dem Finger auf uns: Das sind die aus Afrika. Ein komisches Gefühl. Wo war eigentlich Flora?

In dieser Zeit war ich sehr damit beschäftigt, die Gegensätze meiner beiden Welten wahrzunehmen. Und ständig die alte Welt mit der neuen Welt zu vergleichen. Stimmt, es war nicht mehr warm, es wurde nicht richtig hell, die Menschen lächelten kaum. Aber ich hatte ein eigenes Fahrrad. Orange! Und durfte damit selbst zur Schule fahren. Das kannte ich nicht – in Südafrika war unser Bewegungsspielraum auf unser Grundstück beschränkt. Jetzt durften wir sogar allein zum kleinen Laden am Ende der Straße gehen. Und unser Taschengeld für Esspapier ausgeben. Ganz allein! Deutschland hatte auch ein paar gute Seiten, fand ich.

Richtig anzukommen, fiel mir allerdings schwer. Es gelang mir auch in den folgenden Jahren nicht. Dafür gab es zu vieles, das mir fehlte. Das Warmherzige, Lebensbejahende, die Farben, das Spielerische. Ich machte mein Abitur, schrieb mich in Freiburg fürs Studium ein und wusste, dass ich bei nächster Gelegenheit ins Ausland gehen wollte. Egal, wohin.

Wie so oft, half mir der Zufall. In einer Vorlesung lernte ich einen Mexikaner mittleren Alters kennen, der in der mexikanischen Kulturszene bestens vernetzt war. Er kannte den Dekan einer mexikanischen Universität. Und half mir, einen Brief aufzusetzen. Spanisch konnte ich nicht. Es gab auch kein formales Austauschprogramm mit meiner Universität in Freiburg. Doch persönliche Kontakte sind in Mexiko stärker als administrative Hürden. Erst recht, Kontakte nach ganz oben. Die Antwort kam prompt. Obwohl meine Eltern von meiner Idee nicht begeistert waren, machten sie es finanziell möglich und ich konnte loslegen.

Als ich wenig später in Mexiko-Stadt landete, wusste ich kaum, wie ich an meinen Koffer kommen sollte. Ich sprach ja die Sprache nicht. Die Schilder konnte ich nicht lesen. Ich folgte dem Pulk an Leuten aus meiner Maschine und hoffte, dass sie zufällig das richtige Gepäckband ansteuern würden. Draußen wurde es bereits dunkel, obwohl es erst früher Abend war, mitten im Sommer. Der Geräuschpegel kam mir deutlich höher vor als in Deutschland. Und fröhlicher, viele lachten, riefen sich laut etwas zu und begrüßten sich überschwänglich, wenn sich Abholende aus der Ankunftshalle gegen den Strom durch die Türen zu den Wartenden ans Gepäckband gemogelt hatten. Endlich rollte auch mein Koffer vom Band und ich konnte die Halle verlassen. Dafür, dass dies der internationale Flughafen von Mexiko-Stadt war, eine der bevölkerungsreichsten Städte der Welt, erschien mir das Gebäude überschaubar, fast klein und gemütlich. Das hatte ich mir größer und unübersichtlicher vorgestellt. Trotzdem war ich aufgeregt, übermüdet und reizüberflutet. Alles klang anders, roch anders, sah anders aus, als ich es kannte. Ich verließ das Flughafengebäude und trat nach draußen. Es war inzwischen stockdunkel. Ich holte tief Luft, aber mir stockte der Atem. Nicht nur, weil die Luft auf über 2.000 Meter Höhe spürbar dünner war. Sie stach so scharf in der Lunge, als käme sie direkt aus einem LKW-Auspuff.

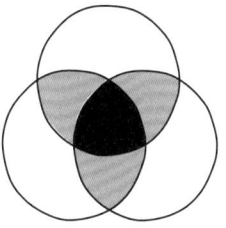

II. CONNECT, TRUST, CARE –
SO BEGEISTERST DU MENSCHEN
IN INTERKULTURELLEN TEAMS

EINE KLEINE GEBRAUCHSANWEISUNG

Du kannst dieses Buch als Gesamtes lesen oder Kapitel für Kapitel als Nachschlagewerk verwenden. Wenn Du das Buch in einem Rutsch liest, werden Dir Wiederholungen auffallen: Sie sind unvermeidbar, denn sie entstehen durch die Querverweise in der Verzahnung der Modelle. Wenn Du die Kapitel einzeln liest, enthalten die Zusammenfassungen sämtliche wichtige Aspekte, die Du für Verständnis und Anwendung brauchst.

Um Dich einzustimmen auf die Überraschungen und Stolperfallen, die sich in der Zusammenarbeit mit anderen Kulturen ergeben können, nehme ich Dich mit auf meine ganz persönliche Reise. Meine Erfahrungen als Kind, Studentin und selbständige Beraterin für Führungskräfte- und Organisationsentwicklung haben mich von Südafrika nach Deutschland, über Mexiko und Spanien geführt. Also durch verschiedene Kontinente, Kulturen, Sprachen und Klimazonen. Und obwohl ich mich aufgrund meiner Biografie für offen, unkompliziert und anpassungsfähig gehalten habe, bin ich in meiner internationalen Berufstätigkeit immer wieder an Grenzen gestoßen. Regelmäßig. Daher ist es mir ein Anliegen, dieses Buch zu schreiben. Hätte ich früher schon auf die Erkenntnisse in diesem Buch zurückgreifen können, wäre vieles leichter gewesen. Natürlich schildere ich meine subjektive Sicht des Erlebens. Manches davon hast Du vielleicht anders erlebt. Und trotzdem hilft Dir hoffentlich dieser persönliche Blick, einen guten Einstieg ins Thema zu finden.

Um es anschaulich zu machen, leite ich jede Dimension aus Meyers Rahmenwerk mit einer Geschichte ein. Die Geschichte verorte ich dann in Meyers *Culture Map*, so dass Du die Verortung nachvollziehen kannst. Im Abschnitt **DEIN TRANSFER IN DIE PRAXIS** stelle ich für Dich zusammen, wie genau Du diese Dimension in Deinem Job bewältigen kannst.

Im Abschnitt **ZOOM** findet eine Vertiefung statt. Hier verzahne ich die vorher beschriebene Dimension aus Meyers *Culture Map* mit einem ergänzenden Aspekt aus einem anderen Modell. Denn: Die Anforderungen an Dich als Führungskraft sind deswegen so vielschichtig, da sie auf unterschiedlichen Ebenen und gleichzeitig auftreten. Genau dafür soll dieses Buch Dir eine Unterstützung und eine konkrete Anleitung sein. In den **ZOOM HACKS** zeige ich Dir, wie Du diese erweiterten Erkenntnisse in der Praxis anwenden kannst. Und in der **ZUSAMMENFASSUNG** findest Du die Kernideen des ganzen Kapitels in wenigen Sätzen.

Viel Freude damit!

II.1 KOMMUNIZIEREN

Meine Uni lag in Puebla, knapp zwei Autostunden südöstlich von Mexiko-Stadt. Die Universidad-de-las-Américas Puebla war eine Campus Universität nach amerikanischem Vorbild. An der Einfahrt regelten Schranken und Wachposten den Zutritt zum Gelände. Breite, von Pflanzen und Blumen gesäumte Wege verbanden unterschiedliche Fakultäten sowie zentrale Anlaufstellen wie Cafeterien, Bibliotheken, Studentenwohnheime, große Versammlungsräume, Sportanlagen. Leicht geschwungene, dezent verzierte einstöckige Bauten in Naturtönen mit zahlreichen Rundbögen schufen eine einladende Atmosphäre. Und an klaren Tagen gut sichtbar in der Ferne am Rand des Hochlands von Mexiko: die schneebedeckte Spitze des Vulkans Popocatépetl, weit über 5.000 Meter hoch, mit ihrer typischen weißen Rauchwolke. Bis ein plötzlicher Ascheausbruch ein Jahr später nach jahrzehntelanger Ruhepause das ganze Campusgelände bedeckte.

In den ersten Wochen war ich sehr still und sprach wenig. Auf Spanisch konnte ich mich noch nicht ausdrücken. Englisch verstanden viele nicht gut. Als das Semester startete und ich mich in meine Kurse setzte, war ich froh, wenn ich den Raum gefunden hatte. Am Ende der ersten Woche ging ein Student aus dem *International Office* von Kurs zu Kurs und glich Anwesenheitslisten mit Kursbuchungen ab. Er war mir schon in den Tagen zuvor aufgefallen, da er in alle Kurse kam, die ich belegt hatte. Und immer schien eine Person zu fehlen. Er rief den Namen ELISABON auf, aber wieder meldete sich niemand. Er fragte die Dozenten, ob alle Studierenden anwesend waren oder jemand fehlte. Und wieder schaute er auf seine Liste, schaute in die Runde und sagte laut und deutlich:»ELISABON. Ist sie hier? Sie *muss* hier sein.« Was für ein hübscher Name. Klingt wie Lissabon, dachte ich – die Mexikaner scheinen das ELISABON auszusprechen. Ich wusste gar nicht, dass Lissabon offenbar auch ein weiblicher Vorname war. Paris, Ireland, Florence: schon klar. Aber Lissabon? Und dann noch in mexikanischer Variante ELISABON? Apart. Es dauerte lange, der Kerl ließ nicht locker. E L I S A B O N. Er schien nicht eher gehen zu wollen, bis er ELISABON gefunden hatte.

Plötzlich dämmerte es mir. Er meinte mich. Ich hatte mich nicht erkannt. Langsam meldete ich mich und sagte leise auf Englisch:»Ich glaube, das bin ich.« Alle drehten sich zu mir um, einige konnten sich ein Lachen nicht verkneifen. »Was, Du bist das und erkennst noch nicht mal Deinen eigenen Namen? Was bist Du denn für eine?«, dachten bestimmt alle. Tatsächlich hatten die Mexikaner meinen Namen sehr kreativ verkürzt. Aus meinen offiziellen drei Vornamen Melanie Eva Elisabeth nahmen sie den ersten Teil des letzten Vornamens – Elisa. Und den ersten Teil meines zusammengesetzten Nachnamens mit mexikanischer Aussprache: aus VON wurde BON. So entstand ELISABON. Das lag nun wirklich nicht auf der Hand. Da ich mich leider nicht erklären konnte, musste ich es so stehen lassen. Dafür kannte mich jetzt jeder in den Kursen. Das ist die, die nicht weiß, wie sie heißt. Aber sie lächelten freundlich, das half.

Es dauerte einige Wochen, bis ich mich auf meine neue Umgebung wirklich einlassen konnte. In meinem Anfänger-Spanischkurs kam ich immer besser mit. Verstehen konnte ich schon ganz gut und langsam fing ich an zu sprechen. Mein Zimmer auf dem Campus teilte ich mit einer Mexikanerin, Mónica, Psychologiestudentin. Moni war sehr expressiv. Sie brauchte morgens lange, bis sie geschminkt und geföhnt für die Vorlesungen bereit war, hatte meistens rot lackierte Fingernägel, große Ohrringe und ging sogar mit Lippenstift ins Bett. Sie war wie ich Anfang 20, hatte jemanden auf einer Veranstaltung kennengelernt und sprach ernsthaft davon, ihn bald heiraten zu wollen. Sie hatten sich bereits ein paar Mal getroffen, nie allein natürlich. Manchmal gingen wir zusammen shoppen und sie hielt nach hübschen Dingen für die Aussteuer Ausschau. Zuerst dachte ich, sie machte Spaß, aber sie meinte nichts ernster als das.

Nach einem halben Jahr fühlte ich mich richtig wohl. Ich kannte inzwischen jeden Winkel auf dem Campus, kam mit meinen Unikursen gut zurecht, war glücklich in meiner Wohneinheit mit den anderen Mexikanerinnen, mit denen ich mich jetzt fließend unterhalten konnte, fuhr ab und zu auf den Markt ins Nachbardorf Cholula und kam mir in vielen Punkten schon sehr mexikanisch vor. Tonfall, Körpersprache und Kleidungsstil hatte ich konsequent übernommen. Endlich passte auch meine Körpergröße gut ins Bild – anders als in Deutschland war ich nicht mehr die Kleinste. Leider outete mich mein blonder Auftritt überall sofort als *gringa*, das störte mich. Amerikanerinnen stießen bei mexikanischen Männern auf großes Interesse, waren auf jeder Party und zeigten sich zugänglich. Und wurden entsprechend umgarnt. Kaum hatte ich richtiggestellt, keine Amerikanerin zu sein, hofften sie, eine Schwedin vor sich zu haben. Schwedinnen waren seltener und noch begehrter als Amerikanerinnen. Trinkfest und experimentierfreudig, so lautete die Zuschreibung. Ich rettete mich in meine Verortung als Südafrikanerin. Von denen ging kein Ruf aus. Das war entspannt. Trotzdem schaute ich in den Supermärkten nach dunklen Haarfärbemitteln. Ich fand keine – die Auswahl für Blond hingegen war groß.

Ein paar Freunde, ausschließlich Männer, wohnten nicht auf dem Campus, sondern unmittelbar davor, in Apartments auf der Hauptstraße nach Cholula. Das war billiger, vor allem nicht zugangsbeschränkt und wurde daher von meinen Mitbewohnerinnen gegenüber ihren Eltern mit keiner Silbe erwähnt.

Paradox, aber wahr: Je besser ich mich verständigen konnte, desto mehr Missverständnisse gab es. Folgende Geschichte ist ein repräsentatives Beispiel für die enormen Unterschiede in der Art, miteinander zu kommunizieren.

MEXIKANISCHE EINLADUNG

»Was interessiert Dich eigentlich an Mexiko, was möchtest Du alles sehen?«, fragte mich eines Tages Alex, ein dunkler Lockenkopf aus der Gruppe von Leuten, mit denen ich viel unternahm. Ich kannte noch nichts von dem Land außer der Uni, Cholula und Puebla. »Weiß nicht«, sagte ich vage in der Hoffnung auf einen konkreten Anhaltspunkt von ihm, »was gibt's denn so?« Heute unvorstellbar, aber Anfang der 90er war die Welt noch analog. Wer ein Land bereisen wollte, kaufte einen Reiseführer. Oder fragte jemanden, der sich auskannte.

Da war ich genau an den richtigen geraten. Alex war ein Typ mit starker Ausstrahlung, studierte Kommunikation, war Mittelpunkt auf jeder Feier und bekannt für seine schillernden Geschichten. Er war ein *chilango*, kam also aus Mexiko-Stadt. Es dauert nicht lange und er hatte einen bunten Strauß an Möglichkeiten vor mir ausgebreitet: Märkte, Plätze, Events, Parks, Museen, die UNAM, schwimmende Gärten, Pyramiden. Dazu entwarf er jeweils intensive Bilder. Da er die Pyramiden als letztes schilderte, blieb ich daran hängen.

»Teotihuacán, das möchte ich sehen«, nickte ich. »Unbedingt.«

»Die Pyramiden sind so faszinierend, es ist unglaublich«, bestätigte

Alex, »Du wirst sie lieben.« Und fügte beiläufig hinzu: »Ich bin regelmäßig in Mexiko-Stadt. Komm doch nächstes Mal mit und ich zeig sie Dir.« Was für ein Angebot, ich war begeistert.

»Wann fährst Du wieder nach Mexiko?«, hakte ich nach.

»Nächsten Samstag.« Er klang etwas überrascht.

»Klasse, um wieviel Uhr denn?«, fragte ich.

»Gegen 10:00«, sagte er etwas gedehnt und wechselte plötzlich das Thema.

Am nächsten Samstag um 10:00 Uhr war ich abfahrbereit. Ich hatte meinen Mitbewohnerinnen erzählt, dass ich mit Alex nach Mexiko fahren würde, um die Pyramiden zu sehen und sie hatten nicht schlecht gestaunt. Sie konnten sich wahrscheinlich nicht vorstellen, dass ich mich so schnell für mexikanische Kultur begeistern würde, vermutete ich. Als ich vor der Tür zu Alex' Apartment stand und pünktlich um 10:00 Uhr klingelte, hörte ich – nichts. Das wunderte mich etwas, wir waren ja verabredet. Ich klingelte noch mal und noch mal, ließ den Finger immer länger auf dem Klingelknopf. Vielleicht packte er gerade noch die letzten Sachen zusammen und hörte dabei Musik. Und tatsächlich: Schritte näherten sich. Er schaute durch den Spion, öffnete langsam die Verriegelung, und schaute mich verwundert an. Sehr unausgeschlafen. Und ÜBERHAUPT NICHT abfahrbereit.

»Was machst Du denn hier?«, gähnte er. »Ist was passiert?«

Ich war sprachlos.

»Alex, es ist 10:00 Uhr! Wir wollten nach Mexiko-Stadt! Nach Teotihuacán! Weißt Du noch?« Ich klopfte mit meinem Finger auf mein Handgelenk, dort, wo Menschen eine Uhr tragen.

Er sagte nichts.

»Hast Du das vergessen? Wir haben doch drüber gesprochen. Du hattest mich eingeladen mitzukommen!« Ich war tief enttäuscht, dass er sich nicht erinnern konnte.

Er holte hörbar Luft. Sah mich an und sagte vorsichtig: »Ja klar, haben wir über die Pyramiden gesprochen. Ich hatte gesagt, ich würde Dich mal mitnehmen. Das habe ich nicht vergessen. Aber es war eine mexikanische Einladung.«

Eine mexikanische Einladung?? Oh nein, wie unangenehm. Offenbar nicht ernst gemeint, sein Angebot. Und ich hatte jedes Wort geglaubt. Jetzt stand ich da wie ein Idiot. Warum sagt man etwas, das man so nicht meint?

Ich muss zugeben, es dauerte eine Weile, bis ich mich an das Konzept der mexikanischen Einladung gewöhnte. Heute sehe ich sie mit anderen Augen. »Mexikanische Einladungen« sind hochgradig wertvoll. Sie erfüllen eine konkrete Funktion im Gespräch: positive Wertschätzung und Aufmerksamkeit für den Gesprächspartner. Sie sind eine ausgestreckte Hand – und man erhält sie nur bei Sympathie und wohlwollendem Interesse. Ein vergleichbares Konzept kenne ich nicht im deutschsprachigen Raum.

Werfen wir hierzu einen Blick auf das Modell von Erin Meyer. Inzwischen haben Meyer und ihr Team differenzierte Profile für 67 Kulturen erstellt.[1] Du wirst auf den Abbildungen nur eine kleine Auswahl von Kulturen sehen.

Zwei Dinge sind für das Verständnis dieses Modells wichtig:

Erstens: Es handelt sich bei Meyers *Culture Map* um ein Rahmenwerk – also eine grundsätzliche Orientierung. Deine individuellen Erfahrungen und auch die Menschen, die Du kennst, würdest Du auf den Skalen vielleicht anders verorten. Das ist unvermeidbar, denn wir betrachten nicht das Verhalten von Einzelnen, sondern den Mittelwert davon, welches Verhalten eine jeweilige Kultur in einem bestimmten Umfeld für angemessen hält.

Zweitens: Jede der acht Dimensionen des Modells wird auf einer Skala abgebildet, an deren äußeren Enden entgegengesetzte Begriffe stehen. Diese entgegengesetzten Begriffe stellen Pole dar. Zum Beispiel *direkt* versus *indirekt* oder *aufgabenorientiert* versus *beziehungsorientiert*. Aber alles ist relativ! Das bedeutet: Es ist nicht so wichtig, wo ganz genau auf der Skala sich eine bestimmte Kultur im Vergleich zu einer anderen befindet. Es ist hingegen sehr aufschlussreich, ob die Vergleichskultur links oder rechts von ihr auf der Skala angesiedelt ist. Denn dadurch wird die Tendenz zur jeweils anderen Ausrichtung der Skala klar, also zum jeweils anderen Pol.

Kommen wir zurück zur *mexikanischen Einladung* und betrachten wir die Dimension der Kommunikation.[2]

II.1 KOMMUNIZIEREN

USA Niederlande   Finnland   Türkei Marokko
Australien Deutschland Dänemark   Polen   Spanien Italien Singapur Iran China Japan
Kanada   Großbritannien   Brasilien Mexiko Frankreich Indien Kenia Korea
                                          Argentinien Peru Russland Saudi-   Indonesien
                                                         Ukraine   Arabien

Kontextarm ·· **Kontextreich**

Kontextarm: Gute Kommunikation ist präzise, einfach und klar. Botschaften werden wortwörtlich ausgedrückt und verstanden. Wiederholungen werden geschätzt, wenn sie dazu beitragen, die Kommunikation klarer zu machen.

Kontextreich: Gute Kommunikation ist feingeistig, nuanciert und vielschichtig. Botschaften werden zwischen den Zeilen ausgesprochen und gelesen. Botschaften sind oft implizit, aber nicht offen ausgedrückt.

Quelle: Erin Meyer, Die Culture Map (2018)

Abbildung 1: Dimension der Kommunikation

Die Forschung unterscheidet Kulturen, die wenig Kontext (*low context*) für klare Kommunikation voraussetzen und solche, die viel Kontext (*high context*) voraussetzen. Mit *low context cultures* meint man Kulturen, die in der Kommunikation genau das ausdrücken, was sie meinen. Wenn sie es nicht meinen, sagen sie es nicht. Wenn sie es nicht sagen, meinen sie es auch nicht. Hier kann man die Botschaften wörtlich nehmen, es schwingen keine unterschwelligen anderen Informationen mit. Englischsprachige Einwanderungsländer zählen zu den ausgeprägtesten Kulturen von direkter Kommunikation – also USA, Australien, Kanada, nicht Großbritannien (hier ist die Kommunikation deutlich vielschichtiger). In Kulturen mit wenig Kontext muss man nicht »zwischen den Zeilen lesen« – oder gar »die Luft lesen« (*read the air*), wie die Japaner es nennen und mit diesem Ausdruck *high context* Kommunikation beschreiben.

Reading the air verdeutlicht die enorme Komplexität von *high context* Kommunikation. Zu diesen Kulturen zählen viele afrikanische, arabische und asiatische Kulturen. Die ausgeprägteste Kommunikation mit viel Kontext findet in Japan statt. Japan befindet sich am äußersten Rand der Skala – am weitesten entfernt von den USA auf der anderen Seite der Skala. *Reading the air* bedeutet, dass in einer gesprochenen Botschaft sehr viel mehr Signale mitschwingen als die gesprochenen Worte, die man hört. Wer Nuancen, Stimmungen und Ungesagtes nicht interpretieren kann, verpasst nicht selten die gesamte Kernbotschaft.

Jetzt wird auch die Sache mit der *mexikanischen Einladung* klar. Mein Verständnis von Kommunikation war von meinen letzten Jahren in Deutschland geprägt. Deutschland ist eine Kultur, die wenig Kontext für klare Kommunikation voraussetzt. Wenn ich eine Einladung ausspreche, meine ich es ernst und möchte den anderen tatsächlich einladen. Wenn ich ihn nicht einladen möchte, spreche ich auch keine Einladung aus. Mit derselben Logik im Ohr hatte ich Alex zugehört, dem Mexikaner. Er hatte vorgeschlagen, mir die Pyramiden zu zeigen – in meinen Augen hatten wir einen Tag und eine Uhrzeit für die Abreise vereinbart. In seinen aber nicht. In seinen Augen hatte er eine zugewandte Gesprächsatmosphäre geschaffen, in der er mich wissen ließ, dass Mexiko ein tolles Land ist und er ein freundlicher Zeitgenosse, mit dem man reden konnte. Das ist genau der Kontext, den man braucht, um wörtliche Kommunikation von angereicherten mitschwingenden Botschaften zu unterscheiden, die etwas ganz anderes aussagen als das, wonach sie klingen. Auf der Skala sehen wir, dass Mexiko, wie viele andere lateinamerikanische und südeuropäische Kulturen, deutlich weiter im mittleren Bereich der Skala Richtung *high context* liegt. Das hatte ich jetzt auch verstanden.

COMMUNICATION

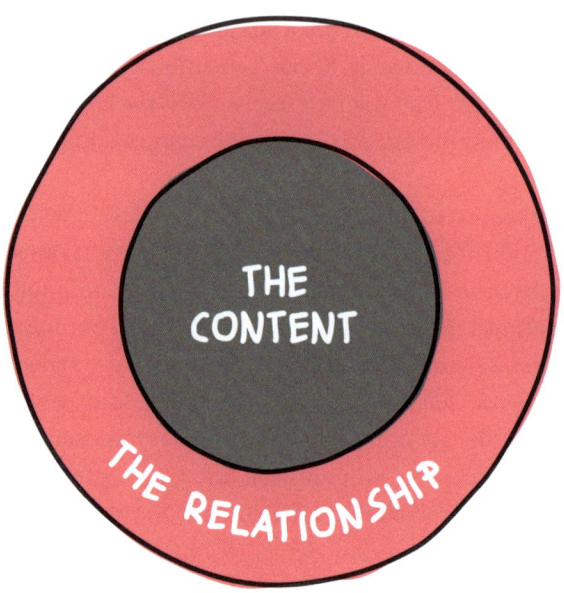

Wofür brauchen wir das eigentlich alles? Wahrscheinlich kennst Du den Ausspruch »*Culture eats strategy for breakfast*«[3] *… and transformation for lunch*. Das gilt überall, wo Menschen zusammenkommen, um etwas zu bewegen. Und es gilt erst recht im Business, sei es global oder lokal. Wenn uns nicht bewusst ist, wo die einzelnen Individuen stehen, was sie bewegt, welche Werte und Bedürfnisse sie haben, wird keine Strategie und kein anderes anspruchsvolles Unterfangen nachhaltig erfolgreich sein. Deswegen erfährst Du in diesem Buch, welche kulturell bedingten Unterschiede es in der Zusammenarbeit geben kann und wie Du diese mit ganzheitlichen Methoden ausgleichen kannst. Mit dem Ziel, dass

Deine Teammitglieder sich wertgeschätzt fühlen, sich entfalten können und bereit sind, für Dich und Dein Unternehmen ihr Bestes zu geben.

DEIN TRANSFER IN DIE PRAXIS

HÖRE DAS UNGESAGTE
Kulturübergreifende Kommunikation in divers zusammengesetzten Teams erfordert ein ausgeprägtes Maß an Bewusstsein. Erst recht, wenn die gemeinsame Sprache Englisch ist – für manche Muttersprache, für andere Fremdsprache. Diese Tipps helfen Dir, Botschaften klar zu platzieren und Missverständnisse zu vermeiden:

✓ **Führe multikulturelle Teams nach *low context* Standards:**
Multikulturelle Teams profitieren von Arbeitsweisen und Strukturen, die **wenig Kontext** erfordern. Klar kommunizierte Erwartungen, Erläuterungen zu Hintergründen und Informationen zur Zielsetzung reduzieren Missverständnisse und Vermutungen.

✓ **Kommuniziere explizit mit Teammitgliedern aus *low context* cultures:**
Mit Teammitgliedern aus *low context cultures* gilt: Sei so klar und deutlich wie möglich. Schreib auf, worüber gesprochen wurde und fasse Ergebnisse zusammen: Die Punkte im letzten Meeting, die getroffene Vereinbarung in einem Gespräch, die Kernideen des durchgeführten Brainstormings, die Themensammlung für das nächste Treffen.

✓ **Achte auf das Ungesagte mit Teammitgliedern aus *high context* cultures:**
Mit Teammitgliedern aus *high context cultures* gilt: *Read the air.* Mach Dir bewusst, dass es eventuell Dinge gibt, die nicht gesagt wurden:
Vorbehalte, Zweifel, andere Einschätzungen. Lass Dein Gegenüber Gesprächsergebnisse in eigenen Worten zusammenfassen, um herauszuhören, ob Deine Botschaften wirklich gelandet sind.

Stelle Verständnisfragen, um sicherzugehen, dass Du die erhaltenen Informationen richtig verstanden hast.[4]

✓ **Vereinbare einfaches Arbeitsenglisch mit Deinen Teammitgliedern:**
In gemischt kulturellen Teams großer Unternehmen ist die Arbeitssprache meistens Englisch. Für manche ist Englisch Muttersprache, für andere nicht. Verständige Dich mit Deinem Team darauf, in kurzen, klaren Sätzen ohne Redewendungen zu kommunizieren. Verwendet einfache Wörter und keine komplizierten Begriffe. Sprecht langsam und deutlich. Versucht, starke Akzente oder Dialekte zu reduzieren, falls möglich.

SCARF – STATUS & STILLE

In meiner jahrelangen Beratungstätigkeit für unterschiedlichste Organisationen habe ich immer wieder beobachtet, dass Kommunikation und Zusammenarbeit unter Teammitgliedern von sehr viel mehr Faktoren beeinflusst werden als von der Frage der Klarheit der Botschaften. Als Führungskraft hast Du die Erfahrung ebenso gemacht:

Dort, wo Menschen zusammenkommen, wird es automatisch vielschichtig. In der nächsten Geschichte mache ich Dich auf ein Phänomen aufmerksam, das Du als Führungskraft sehr genau im Auge behalten solltest. Es geht um den Status Deiner Teammitglieder. Mit Status ist hier nicht äußerer, materieller Status gemeint wie eine teure Uhr oder ein schneller Dienstwagen – sondern innerer Status, also der tief im Innern empfundene eigene Selbstwert in einer bestimmten Situation. Gerangel um Status, den Du als Führungskraft nicht erkennst oder ausbalancierst, wird Dir das Leben schwer machen. Andererseits kannst Du enorm viel Kraft und Kreativität in Deinem Team freilegen, wenn Du Status ausgleichst und Dich selbst als Führungskraft sowohl stark als auch verletzlich zeigst.

Vor ein paar Jahren war ich als externe Trainerin für eine internationale Personalberatung tätig. Zweimal im Monat fand ein Meeting unserer Arbeitsgruppe statt. Wir waren ein gemischt kulturelles Team. Die Arbeitsgruppe war zusammengesetzt worden, um die bestehenden Angebote im Bereich Führungskräfteentwicklung auf mittlerer Managementebene zu erweitern und publikumswirksam zu vermarkten.

»Ihr habt es ja mitbekommen«, eröffnete unsere französische Projektleiterin Cecile ohne Umschweife das Meeting, »die Rückmeldungen zeigen es: Unser Baustein ›Shaping Culture‹ aus der Trainingsreihe kommt nicht gut an. Den Teilnehmenden sind die Inhalte zu wenig konkret. Ich hatte gerade ein Meeting mit dem Programmleiter. Ich weiß, wir hatten heute andere Punkte auf der Agenda, aber wir müssen umdisponieren. Wer hat Ideen?«

Ich war überrascht von der Frage, meine Augen ruhten noch auf dem Konzept zu dem neuen Trainingsprogramm, das wir heute besprechen wollten.

»Die Übungen müssen interaktiver sein. Gerade am Nachmittag. Der Reflexionsanteil in Eigenarbeit ist zwar notwendig, aber wir müssen den Teilnehmenden mehr Gelegenheit zum Austausch geben«, sprudelte Carsten los.

»Hierfür könnten wir vielleicht die Methode 1-2-4-all aus den *Liberating Structures*⁵ einführen«, ergänzte Kate, eine Kollegin aus England. »Der Ansatz ist neu für die Gruppe und alle bringen sich aktiv ein. Das wollen wir doch.« Die Diskussion nahm Fahrt auf, weitere Ideen wurden geäußert. Manches wiederholte sich. Nach kurzer Zeit lagen mehrere Vorschläge auf dem Tisch.

»Das geht mir ein bisschen zu schnell«, meldete ich mich zu Wort. »Mein Eindruck ist, dass das Konzept die Teilnehmenden zum Thema Unternehmenskultur gar nicht richtig abholt. Vielleicht könnten wir einen anderen Einstieg wählen. Wir …«

»Das haben wir doch schon mal besprochen«, fiel mir Carsten ins Wort, »wenn wir weiter ausholen zum Thema Unternehmenskultur, fehlt uns die Zeit an anderer Stelle. Wenn wir die Übungen verändern und die Teilnehmenden sich stärker austauschen lassen, wird das Ganze automatisch konkreter und anwendungsorientierter. Ich glaube, wir haben die neue Ausrichtung schon ganz gut skizziert.«

»Wunderbar«, nickte Cecile, »Ergänzungen? Sumi? Nein? Gut, dann setzt Euch bitte zusammen und macht mir einen neuen Vorschlag. Wir sehen uns in 14 Tagen«.

Das Meeting war beendet, die Kollegen rafften ihre Sachen zusammen und verließen den Raum.

Kurz danach rief ich meine erfahrene Kollegin Sumi an. Sumi war in Korea groß geworden. Wir kannten uns gut, waren ein bewährtes Trainertandem.

»Das ist doch blöd gelaufen«, teilte ich meinen Frust mit ihr. »Das ging alles viel zu schnell. Außerdem stimmte die Basis für die Überlegungen nicht. Ich würde gern die ganze Herangehensweise in diesem Trainingsbaustein überdenken, nicht nur die Übungen.« Gleichzeitig machte mich die Erinnerung daran, dass mir mein Kollege das Wort abgeschnitten hatte, wütend.

»Ja«, sagt Sumi, »ich weiß, was Du meinst. Ich habe mir Gedanken gemacht. Ich hätte noch ein paar weitere Ideen dazu. So können wir es nicht stehenlassen.«

Als Cecile unser Meeting beendete, hatte sie uns als Team die Aufgabe übertragen, weitere Vorschläge zur Überarbeitung des Trainingsbausteins *Shaping Culture* zu entwerfen. Sumis und meine Gedanken dazu sowie auch Ideen anderer Kollegen waren in dem Meeting aufgrund der Gesprächsdynamik nicht gehört worden. In der nächsten Abstimmungsrunde mit unseren Kollegen übernahm Sumi die Moderation und schlug vor, noch einmal mit offener Haltung weitere Einfälle mit einzubeziehen. Wir machten es schriftlich, um Gerangel um Redeanteile gezielt zu vermeiden. Unsere Überlegungen, Interventionen und Übungen schrieben wir auf Moderationskarten. Dadurch wurde jeder Gedanke zur Kenntnis genommen. Manche davon waren kreativ und unkonventionell, andere entsprachen bewährter Trainingserfahrung. Die Ergebnisse clusterten wir. Es zeigte sich bereits ein sehr viel differenzierteres Bild als im Meeting. In weiteren Abstimmungen hatten wir schließlich einen Vorschlag erarbeitet, den wir alle überzeugend fanden und unserer Projektleiterin zur Weiterentwicklung vorlegen konnten.

DIE VERZAHNUNG VON **STATUS** (SCARF-MODELL) UND **STILLE** (CULTURE MAP)

Als Führungskraft wirst Du ein Lied davon singen können. Nicht selten stehst Du unter Druck und musst Ergebnisse präsentieren. In Deinen dazu einberufenen Meetings sind Redeanteile unterschiedlich verteilt. Manche Teammitglieder haben gute Ideen, andere reden viel ohne Mehrwert, manche setzen sich durch – unabhängig von der Qualität ihrer Beiträge. Ein paar gehen unter, auch wenn sie vielleicht die besseren Ansätze hätten. Manche Teammitglieder kommunizieren lebhaft und unterbrechen andere oft, andere äußern sich auch nach expliziter Aufforderung kaum. Manchmal hat dieses Verhalten mit kultureller Prägung zu tun. In anderen Fällen ist es eine Frage der Persönlichkeit.

Muss Dich das als Führungskraft interessieren? Sollen Deine Teammitglieder nicht selbst sehen, wie sie miteinander klarkommen? Die Antwort lautet: Du solltest Dich kümmern! So alltäglich derartige Teamdynamiken auch sein mögen, arten sie schnell in eine große Herausforderung aus. Denn sie berühren das Thema Status. Jeder in Deinem Team möchte gesehen und gehört werden. Jeder möchte für seine Expertise anerkannt werden. Das ist ein menschliches Grundbedürfnis. Es gilt auf der ganzen Welt, über alle Kulturen hinweg. Führungskräfte, die das Thema Status verstehen und in ihren Teams ausbalancieren können, schaffen damit eine von mehreren wichtigen Voraussetzungen für anhaltende Motivation und Leistungsbereitschaft. Lass uns diesen Punkt genauer betrachten.

DAS SCARF-MODELL VON DAVID ROCK

Gut nachvollziehbar und in der Teamzusammenarbeit ausgesprochen anwendungsfreundlich ist das SCARF-Modell auf der Basis neurowissenschaftlicher Erkenntnisse – verfasst von David Rock, Gründer des *NeuroLeadership Institute* in den USA.[6]

David Rock ist Unternehmensberater. Er wollte verstehen, welche Auswirkungen unsere Gehirnaktivitäten auf unser Verhalten als Menschen im Job haben. Und er wollte verstehen, welche Erkenntnisse sich daraus für die Führung von Menschen am Arbeitsplatz ableiten. Dazu hat er drei Jahre lang weltweit führende Neurowissenschaftler zu den aktuellen Erkenntnissen in ihren Forschungsgebieten befragt. Dabei hat er fünf Muster identifiziert, die nach Übereinstimmung der Wissenschaftler zu Leistungsstärke, Ausgeglichenheit, Kooperation und Lernbereitschaft führen. Diese fünf Merkmale hat er in dem Akronym **SCARF** (**S**tatus, **C**ertainty, **A**utonomy, **R**elatedness, **F**airness) zusammengefasst. Auf diesen fünf Säulen steht also ein leistungsstarkes Team mit motivierten Mitgliedern. Als Eselsbrücke kannst Du Dir unter SCARF einen

Schal vorstellen, den man sich umwickelt, um sich zu schützen – Schal ist die deutsche Übersetzung für *scarf*.

Führungskräfte, denen es gelingt, die Elemente von SCARF in ihren Teams mit Leben zu füllen, sind für die Zukunft gewappnet und sei sie auch noch so rau und unvorhersehbar. Das Modell von Rock ist eng verknüpft mit den Erkenntnissen zu *Psychologischer Sicherheit* – ein Begriff, den die Forscherin Amy Edmondson geprägt hat.[7] Psychologische Sicherheit in einem Team bedeutet, dass jedes Teammitglied jederzeit Ideen, Fragen, Bedenken äußern oder Fehler machen kann und dies auch tut – ohne Angst, dafür bestraft oder gedemütigt zu werden. Es bedeutet, dass sich die Teammitglieder sicher fühlen, zwischenmenschliche Risiken einzugehen.[8]

Wie oben beschrieben, hat sich Rock damit beschäftigt, wie unser Gehirn funktioniert. Und welche Auswirkungen diese Mechanismen im Gehirn auf unser Verhalten am Arbeitsplatz haben – *Your Brain at Work*, heißt daher sein Buch. Wann sind wir entspannt? Wann sind wir motiviert und leistungsbereit? Was macht uns Angst? Wann verschließen wir uns? Was brauchen wir, um unser volles Potenzial zu erschließen?

Sehr vereinfacht ausgedrückt unterscheidet unser Gehirn nach Belohnung und Bedrohung. Das Gehirn strebt nach Belohnung und erfährt diese in Form von Status, Sicherheit, Autonomie, Verbundenheit und Gerechtigkeit (die fünf SCARF-Elemente). Sind diese Elemente in unserer Lebens- und Arbeitssituation nicht oder unzureichend vorhanden, fühlen wir uns bedroht. Im bedrohten Zustand haben wir keinen Zugriff mehr auf unser rationales Denken, wir verhalten uns nicht mehr berechenbar, sondern instinktiv. Wir verspannen uns, sind nicht mehr offen, hören nicht zu, sondern wetzen innerlich das Messer in höchster Bereitschaft, uns mit Haut und Haaren gegen den Feind zu verteidigen. Da solche Momente der Bedrohung im Arbeitsleben unvermeidlich sind, solltest Du als Führungskraft unbedingt wissen, wie Du konkret zur Beruhigung der Situation beitragen kannst. In den anschließenden ZOOM HACKS findest Du praktische Hinweise dazu.

Schauen wir zum Abschluss noch einmal auf das Thema STILLE, das auch unmittelbar mit der Statusfrage zusammenhängen kann. Teammitglieder, die sich in Meetings still und zurückhaltend verhalten, haben genauso ein Bedürfnis nach Status und Anerkennung wie die Teammitglieder mit aktiven Beiträgen. Als Führungskraft ist es Deine Aufgabe,

II.1.1 GESPRÄCHSPAUSEN AUSHALTEN

USA Frankreich Mexiko Deutschland Ungarn Saudi-Arabien Zimbabwe Korea
GB Italien Spanien Brasilien Indien Dänemark Russland Finnland Japan
Israel Türkei Nigeria Niederlande Schweden China Thailand

Unentspannt mit Stille → **Entspannt mit Stille**

Unentspannt mit Stille: Hohe eigene Beteiligung sowie Unterbrechungen sind Zeichen von Engagement und Enthusiasmus.

Entspannt mit Stille: Gesprächspausen gelten als Zeichen des Respekts und guten Zuhörens.

Grafische Darstellung zu Erin Meyers Ausführungen auf dem Nordic Business Forum,
Quelle: https://www.nbforum.com/newsroom/events/nordic-business-forum-2022/erin-meyer-lead-negotiate-and-get-things-done-across-the-world/

Abbildung 2: Umgang mit Stille

auch den Stillen Sichtbarkeit und Gehör zu verschaffen. Allerdings mit Fingerspitzengefühl. In der interkulturellen Zusammenarbeit gibt es hier eine besondere Ausprägung zu beachten. Erin Meyer hat eine gesonderte Skala dazu aufgestellt.[9] Es gibt Kulturen, die Stille nicht gern zulassen, weil sie sich damit unwohl fühlen. In diesen Kulturen ist Stille negativ belegt. Stille steht hier für Ideenlosigkeit oder mangelndes Engagement. Anders ausgedrückt: Begeisterung und Interesse zeigt man dadurch, dass man sich aktiv am Diskurs beteiligt, notfalls auch andere unterbricht. Aktivität lässt keine Stille zu. Hierzu zählen südeuropäische und südamerikanische Kulturen wie Frankreich, Italien, Mexiko und Brasilien. Ähnlich schnell in der Dynamik, aber eher nacheinander als gleichzeitig – wie beim Pingpong – verhalten sich angelsächsische Kulturen wie die USA und Großbritannien. Direkte Unterbrechungen sind nicht erwünscht, wohl aber die unmittelbare Reaktionen auf das vorher Gesagte. Gesprächspausen entstehen nicht. Sie werden als unangenehm wahrgenommen.

In ostasiatischen Kulturen hingegen sind Momente der Stille normal. So können in Japan Gesprächspausen in Meetings durchaus bis zu 12 Sekunden betragen, ohne dass sie Unwohlsein auslösen.[10] Stille ist hier positiv belegt, denn sie bedeutet: Ich höre Dir zu und lasse wirken, was Du gesagt hast. Damit haben es Menschen aus ostasiatischen Kulturen in multikulturellen Teams am schwersten, sich Gehör zu verschaffen. Sie warten auf Gesprächspausen und Momente der Stille, die aber nicht eintreten.

Am Beispiel meiner koreanischen Kollegin Sumi haben wir gesehen, dass sie im Meeting mit der Projektleiterin zwar Ideen hatte, aber keinen Ansatz zeigte, diese zu äußern. Die kurze »Einladung« von Cecile in ihre Richtung war zu offensiv. Teams, die sich selbst steuern können, holen solche Defizite wieder auf – wie der weitere Verlauf des Beispiels zeigt. Aber nicht jedes Team ist dazu von sich aus in der Lage. Was heißt das nun für Dich als Führungskraft? Die folgenden Hacks zeigen Dir, was Du tun kannst, um Status auszubalancieren und stille Teammitglieder achtsam einzubinden.

ZOOM HACKS

Den Status Deiner Teammitglieder auszubalancieren, gehört zu Deinen Aufgaben als Führungskraft, auf die Dich wahrscheinlich niemand vorbereitet hat. Jedes Teammitglied will sich von Dir gesehen, gehört und anerkannt fühlen. Sonst kann es sich nicht entfalten. Mangelnde Zufriedenheit und Statuskämpfe wirken sich direkt und unmittelbar negativ auf die Gesamtleistung Deines Teams aus, für die Du als Führungskraft geradestehst. Um den Status aller Deiner Teammitglieder auszubalancieren, den der aktiven und den der zurückhaltenden Persönlichkeiten, helfen Dir folgende Impulse.

✓ **Sorge für ausgeglichene Redeanteile:**
Es ist normal, dass manche Teammitglieder sich in Meetings reger beteiligen als andere. Es wird erst dann dysfunktional, wenn aufgrund der Häufigkeit oder der Art und Weise, wie Ideen präsentiert werden, andere die Lust verlieren sich zu engagieren. Behalte also im Blick, wer sich schon häufig zu Wort gemeldet hat und wer vielleicht eine besondere Ermutigung braucht.

✓ **Hebe den Status stiller Teammitglieder:**
Gerade zurückhaltende Teammitglieder haben es oft schwer, ihren Punkt zu machen. Manchmal versuchen sie es gar nicht, vielleicht werden sie nicht gehört oder übertönt. Frage sie um explizit um Rat (Achtung, nicht um ihre Meinung, das ist nicht dasselbe!), mache ihnen ein Kompliment, entschuldige Dich für einen Fehler. Das hebt ihren Status und erhöht ihre Bereitschaft, sich einzubringen.

✓ **Bremse dominante Sprechdenker:**
Manche Menschen haben wenig Gefühl dafür, wann es reicht oder andere nicht mehr zuhören. Du bedankst Dich

für den bisher geteilten Input und bittest darum, nun Raum für andere Beiträge zu schaffen. Damit würdigst Du das bisherige Engagement und übernimmst gleichzeitig wieder die Steuerung über die Gesprächsdynamik im Meeting. Positiver Nebeneffekt: Dadurch stärkst Du Deinen Status als Führungskraft.

✓ **Betrachte den Input unvoreingenommen:**
In bestimmten Situationen kann es sinnvoll sein, Beiträge losgelöst von der Person, die sie geäußert hat, zu betrachten. Das ist besonders bei ausgeprägten Vorannahmen der Fall. Also bei der bewussten oder unbewussten Überzeugung, eine Person versteht besonders viel oder besonders wenig von einer Sache. Lass Ideen / Beiträge / Lösungsansätze oder was auch immer Du brauchst, auf Karten schreiben. Damit sind die Ideen entpersonalisiert. Dann sortiert und clustert Ihr gemeinsam den Input und entwickelt die weitere Ausgestaltung.

✓ **Du bist nur gut, wenn Dein Team gut ist:**
Du musst nicht immer wissen, wie es geht. Im Gegenteil: Die Offenheit darüber, die Lösung auch nicht zu kennen und sie gemeinsam mit Deinem Team zu erarbeiten, führt zu mehr Vertrauen und zu einer engeren Bindung untereinander. Diese souveräne Haltung des offenen Nicht-Wissens hebt Deinen Status und senkt ihn nicht.[11]

✓ **Sprache öffnet Räume – gib dem anderen Platz im Kopf:**
Zurückhaltende Teammitglieder – vor allem aus dem asiatischen Raum – ermutigst Du durch eine indirekte Einladung.[12]
Du könntest sagen: »Welche Herangehensweise an diese Herausforderung kennst Du?«
Statt direkt zu fragen: »Was meinst Du, wie wir dieses Problem lösen können?«

✓ **Versuche zu verstehen, was gemeint ist – und nicht, was gesagt wurde:**
Du könntest fragen:»Was von dem, das Du geschildert hast, ist für uns in dieser Situation am wichtigsten? Und könntest Du uns erklären, warum das wichtig ist?« Statt den anderen festzulegen:»Deine Meinung ist also … / Deiner Meinung nach sollten wir also dieses oder jenes tun.«

✓ **Frage die anderen um Rat, nicht nach ihrer Meinung oder einer Lösung:**
Diese Herangehensweise ist sanfter und risikoärmer. Du könntest sagen:»Was würdest Du einem Team empfehlen, das dieser Herausforderung begegnen muss?« / »Gibt es erfolgreiche Beispiele für Lösungen, die Du in vergleichbaren Situationen erlebt hast?« / »Was sollten wir jetzt möglichst beachten?«
Wenn Du jemanden um Rat fragst, erhöhst Du gleichzeitig seinen Status. Das kann besonders für diejenigen Teammitglieder entscheidend sein, die länger zuhören und später sprechen als andere. Deren Input droht in der täglichen Dynamik oft unterzugehen

✓ **Hol Dir den Input VOR dem Meeting**
In manchen Situationen kann es sinnvoll sein, die Ideen Deines Teams im Vorfeld eines Meetings einzusammeln – vor allem dann, wenn Du willst, dass ALLE sich Gedanken machen und alle Vorschläge gehört werden. Mach ein paar Tage vorher eine klare Ansage und bitte darum, 2-3 konkrete Ideen zu skizzieren. Im Meeting selbst kannst Du diesen Input dann mit Deinem Team zusammen sortieren und weiterentwickeln.

ZUSAMMENFASSUNG

In diesem Kapitel geht es um das Thema Kommunikation und Status. Im Modell von Meyer haben wir gesehen, dass wir zwischen Kulturen unterscheiden, die Botschaften mit wenig oder mit viel Kontext vermitteln. Als Führungskraft von gemischten Teams ist es grundsätzlich sinnvoll, dass Du so klar und deutlich wie möglich kommunizierst und Verständnisfragen stellst. In den Abschnitten zur Vertiefung haben wir uns die Aspekte *Status* & *Stille* angeschaut, da sie mit dem Thema Kommunikation eng zusammenhängen. Für einen ausgeglichenen Status solltest Du auf ausgewogene Beteiligung und gleichmäßige Würdigung von Beiträgen Deiner Teammitglieder achten. Auf den Status Deiner Teammitglieder kannst Du gezielt einwirken. Stille Teammitglieder kannst Du durch achtsame Ermutigung einbeziehen. Eine unvoreingenommene Betrachtung der Ideen aller Teammitglieder erhältst Du durch den methodischen Einsatz von Moderationskarten, der den Input entpersonalisiert.

II.2 WIDERSRPECHEN

»Wenn ich etwas gelernt habe im Laufe meiner Karriere, dann das: Der konstruktive Umgang mit abweichenden Ansichten im internationalen Business ist eine hohe Kunst. Diese Kunst hat sich mir ehrlicherweise erst nach vielen Jahren und zahlreichen Rückschlägen erschlossen«, erzählt Cees, Leiter Vertrieb und Marketing in einem Konsumgüterkonzern mit Sitz in den Niederlanden.

»Ich denke, ich habe in meiner Berufstätigkeit die gesamte Spannbreite der Reaktionsformen in der fachlichen Auseinandersetzung kennengelernt«, lacht Cees.

»In Meetings mit den Länderchefs in Frankreich oder Deutschland geht es oft hoch her, wenn auch auf ganz unterschiedliche Weise. Für Meetings in Deutschland brauche ich vor allem viel Ausdauer. Meine Kollegen sind in der Lage, bis spät in den Abend zu diskutieren, wenn es sein muss. Die inhaltliche Auseinandersetzung ist wichtiger als alles andere, sie drehen jeden Stein um. Zeigen viel Liebe fürs Detail. Auch wenn die Kekse im Konferenzraum längst aufgegessen sind und in den Kannen kein Kaffee mehr ist. Vorher geht man nicht auseinander.

In Frankreich erlebe ich die Beschäftigung mit dem Thema ähnlich intensiv, aber atmosphärisch leidenschaftlicher. Manchmal wird es in unseren Meetings richtig laut, kurz danach macht jemand einen Witz und wir lachen wieder. Ansichten werden glühend verteidigt oder vehement abgelehnt. Am Ende eines langen Tages gehen wir essen, meine französischen Gesprächspartner suchen tolle Restaurants aus. Diese Abende sind sehr wertvoll, um die Beziehungen untereinander zu stärken. Ich erlebe oft, dass wir am folgenden Tag zu guten, manchmal auch überraschenden Lösungen finden, und denke, dass uns das intensive persönliche Miteinander inhaltlich flexibler macht.

In den Gesprächen mit meinen Kollegen aus den USA, Großbritannien oder Lateinamerika hingegen bin ich zu Beginn meiner Karriere oft verzweifelt. Während der Beratungen dachte ich zunächst voller Glück, dass wir uns schnell einig werden und dass die Verhandlungen sehr angenehm verlaufen – stellte dann aber überrascht im Laufe der Zeit fest, dass ich das meiste anders verstanden hatte, als es gemeint war. Und de facto hatte ich meistens gar nichts verstanden. In jedem Fall viel zu wenig für eine gemeinsame Grundlage, um Ideen weiterzuentwickeln. Dieser Erkenntnisprozess war für mich und die anderen durchaus schmerzhaft. Je genauer ich nachfragte, je besser ich eine Argumentation oder Reaktion verstehen wollte, desto mehr schien es die anderen zu quälen, so überaus deutlich werden zu müssen. Ich sah ihnen teilweise die Hilflosigkeit an, dass ich ihre Signale nicht deuten konnte. Aber ich nahm wörtlich, was sie sagten, und haderte selbst damit, dass es offensichtlich nicht das war, was sie meinten. Erst im Laufe der Jahre entwickelte ich ein besseres Gespür für die Botschaften zwischen den Zeilen oder sogar solche, die gar nicht in Worte gefasst wurden. Das ist immer noch nicht meine größte Stärke, aber ich habe dazugelernt.

Allerdings ist all das noch harmlos im Vergleich zu Meetings in Asien, wie ich sie zu Beginn meiner Laufbahn erlebte. Höchste Verwunderung, wenn nicht sogar Entsetzen machte sich in mir breit, wenn nach meiner gut vorbereiteten Präsentation als Marketingleiter erst einmal Stille eintrat. Und mit Stille meine ich: absolute Ruhe, niemand sagte etwas, manchmal 1-2 Minuten lang nicht. Einige meiner Kollegen hatten sogar die Augen geschlossen – ich war völlig verunsichert, ob sie mir überhaupt gefolgt waren. Oder eingeschlafen, weil sie Ansatz und Inhalt so langweilig fanden. Heute lasse ich mich davon nicht mehr so beeindrucken und habe besser verstanden, wie ich ihre Einschätzung, auch ihre kritische, in Erfahrung bringen kann. Besonders in asiatischen Kulturen spielen persönliche Beziehungen eine große Rolle und ich kann unbedingt bestätigen, dass es im Gespräch unter vier Augen leichter ist, Standpunkte zu eruieren. In größeren Runden dagegen, erst recht, wenn ranghöhere Menschen im Raum sind, funktioniert der konstruktive Diskurs nicht so, wie ich ihn aus Europa kenne.

Heute schaue ich auf meine Erfahrung zurück und kann sagen: Es ist mir gelungen, im internationalen Geschäft eine Strategie anzuwenden, die abweichende Meinungen, Dissens und Kontroversen so einbindet, dass wir miteinander im Gespräch bleiben und Dinge vorantreiben können. Auch wenn unsere Errungenschaften zum Teil ihren Preis haben.«
Schauen wir uns dazu Meyers Skala WIDERSPRECHEN an.[1]

II.2 WIDERSPRECHEN

Konfrontativ		Konfrontationsvermeidend
Israel Deutschland Dänemark Australien USA Frankreich Russland Spanien Italien Großbritannien Brasilien Mexiko Peru Ghana Niederlande Singapur Türkei Saudi- Ukraine Arabien	Schweden Indien China Indonesien Japan Thailand	

Konfrontativ: Widerspruch und Debatten sind positiv für Team und Betrieb. Offene Konfrontation ist akzeptabel und beeinträchtigt nicht die persönlichen Beziehungen.

Konfrontationsvermeidend: Widerspruch und Debatten sind negativ für Team und Betrieb. Offene Konfrontation ist inakzeptabel und beeinträchtigt Gruppenharmonie und persönliche Beziehungen.

Quelle: Erin Meyer, Die Culture Map (2018)

Abbildung 3: Handhabung von Konfrontation

Auf der einen Seite der Skala gibt es Kulturen, in denen Themen und Ansichten sehr kontrovers diskutiert werden. Die offene Auseinandersetzung ist hier positiv belegt, denn sie bedeutet, dass neue Perspektiven entstehen und Ideen weiterentwickelt werden können. Diskussionen und Debatten spielen schon in der Schulzeit eine große Rolle und werden im Unterricht gezielt gefördert. Meistens funktioniert die Trennung zwischen Person und Sache, so dass persönliche Beziehungen unter engagierten Auseinandersetzungen nicht leiden.

Zu diesen Kulturen zählen unter anderem Frankreich, Deutschland und die Niederlande. Am anderen Ende der Skala befinden sich Kulturen, in denen Konfrontationen vermieden werden. In lateinamerikanischen, arabischen, afrikanischen und asiatischen Kulturen gelten herausfordernde Auseinandersetzungen als bedrohlich für die Harmonie einer Gruppe oder die Gesichtswahrung des Einzelnen. In größeren Runden, erst recht, wenn Vorgesetzte anwesend sind, finden daher keine harten inhaltlichen Diskurse statt.

Angelsächsische Kulturen stehen eher auf der Mitte der Skala.

Diese Skala wird von vielen, die interkulturell arbeiten, als besonders wichtig und knifflig angesehen. Meine eigene Erfahrung findet sich in vielen Punkten auf der Skala wieder, in anderen jedoch nicht. So habe ich selbst manche Spanierinnen oder US-Amerikanerinnen in der Zusammenarbeit als direkter und konfrontativer erlebt als meine deutschen Kolleginnen oder auch mich selbst. Doch wie wir bereits im CHECK-IN dieses Buchs festgestellt haben: Es ist nicht alles kulturell bedingt, manches liegt auch einfach in der jeweiligen Persönlichkeit.

Nachdem Cees allerdings angedeutet hatte, eine für ihn interkulturell funktionierende Strategie im Diskurs um unterschiedliche Standpunkte gefunden zu haben, bin ich neugierig geworden. Ich bitte ihn um ein konkretes Beispiel.

Er erzählt:»Im Konzern bin ich Teil einer Unternehmenseinheit, die langfristige Strategien für bestimmte Sparten in unserem Geschäftsfeld entwirft. In diesem Gremium arbeiten verschiedene Disziplinen zusammen: Marketing und Vertrieb, Finanzen und Controlling, Forschung und Entwicklung, Business Development, Operations und Produktion etc. In unseren Strategie-Meetings stellen wir uns die Frage, wo wir mit den einzelnen Sparten in den nächsten 10 Jahren stehen werden. Investieren wir? Gibt es neue Produkte und Trends auf dem Markt, die wir berücksichtigen müssen? Müssen wir mehr Geld in Forschung und Entwicklung stecken? Sind die Strategien nur in bestimmten Regionen wirksam oder weltweit? Wenn sie für den weltweiten Markt geeignet sind: Welche Anpassungen müssen dann für die verschiedenen Regionen erfolgen? Du kannst Dir vorstellen: Das sind komplexe Fragen. Um sie entscheidungsreif den Länderchefs und unserem CEO präsentieren zu können, arbeiten unsere Teams monatelang an den Details. An dem großen Tag des Strategie-Meetings ist unser einziges Ziel, eine Einigung zu erzielen. Eine Konfrontation mit den Entscheidern wollen wir auf jeden Fall vermeiden. Denn wenn wir Pech haben, lehnen sie unseren Vorschlag ab und wir können von vorn anfangen. Es reicht oft schon, wenn einer sich nicht abgeholt fühlt: Dann bricht unsere ganze Konstruktion in sich zusammen. Es sitzen lauter ausgeprägte Egos am Tisch – das erfordert Fingerspitzengefühl.«

»Das klingt schwierig«, sage ich. »Welche Herangehensweise hast Du für Dich entwickelt, die bei aller Komplexität gut funktioniert?«

»Es liegt vielleicht auf der Hand, aber ich musste erst selbst darauf kommen, nach bitteren Misserfolgen. Der Schlüssel liegt in der Abstimmung mit dem Einzelnen. Da ich im Laufe der Jahre ein Band zu den verschiedenen Persönlichkeiten aufbauen konnte, kläre ich heute im Vorfeld mit jedem Einzelnen jeden Punkt so lange ab und arbeite das Feedback ein, bis ich dessen Einverständnis habe. In dem großen Strategie-Meeting sage ich dann – »Bertrand, wie wir besprochen hatten …«, oder »Tom, Du erinnerst Dich …«

Ich spreche sie explizit auf ihren Anteil an der Ideenentwicklung an und binde sie in der Präsentation aktiv mit ein. So fühlt es sich bereits wie ein gemeinsames Ergebnis an, bevor die Entscheidung gefällt wurde. Das klappt natürlich nicht immer, aber die Meetings verlaufen deutlich konstruktiver.«

»Sehr nachvollziehbar, dass diese Vorgehensweise grundsätzlich gut ankommt«, sage ich begeistert. »Doch was ist der Preis, von dem Du sprachst, der damit verbunden sein kann?«

»Der Preis kann sein«, erklärt Cees, »dass die Ideen für die weitere Entwicklung der Produkte nach so vielen Abstimmungsrunden und Anpassungen an Profilschärfe einbüßen. Deshalb war ich früher manchmal unzufrieden mit den Ergebnissen. Heute sehe ich: Derart komplexe Entscheidungen sind in globalen Konzernen nicht anders zu treffen. Man muss sie als Schritt nach vorn in ihrem größeren Kontext begreifen. Ich bin jedenfalls froh, herausgefunden zu haben, wie sich kontroverse Standpunkte und unterschiedliche Einschätzungen über interkulturelle Unterschiede hinweg besprechen lassen. Am Ende können dann konzernweit Entscheidungen getroffen werden, die in den unterschiedlichsten Regionen der Welt umgesetzt werden. Wie gesagt: Das ist eine Kunst für sich und der Weg war weit.«

DEIN TRANSFER IN DIE PRAXIS

SUCHE FRÜHZEITIG DAS EINZELGESPRÄCH

Am Beispiel von Cees hast Du gesehen, wie sich in der interkulturellen Zusammenarbeit abweichende Meinungen konstruktiv in den weiteren Prozess einbinden lassen. Wie für jede andere Dimension aus Meyers Rahmenwerk gilt hier auch: Keine Kultur macht es besser oder schlechter als eine andere. Sondern: Die dahinterliegenden Wertesysteme unterscheiden sich. Diametral stehen sich hier eine angeregte Debatte und drohender Gesichtsverlust gegenüber. Wenn Du ein kulturell gemischtes Team führst, helfen Dir folgende Tipps dabei, abweichende Meinungen weiterführend zu berücksichtigen:

✓ **Verschaffe abweichenden Meinungen genügend Raum, gehört zu werden:**
Wenn Du mit hierarchisch orientierten Kulturen arbeitest, kann es sinnvoll sein, bestimmte Meetings ohne Dich als Chef stattfinden zu lassen. In solchen Fällen ist Klarheit wichtig: Teile Deinem Team konkret mit, was Du von diesen Meetings erwartest. Sollen sie Ideen generieren und Optionen diskutieren? Oder Entscheidungsvorlagen erarbeiten und Dir im Anschluss ihre Empfehlungen mitteilen? Mach klar, was Du Dir vorstellst und in welcher Form (siehe hierzu auch Kapitel II.6 FÜHREN).

✓ **Suche das Einzelgespräch:**
In vielen Kulturen ist es keine gute Idee, einzelne Teammitglieder in großer Runde zu befragen, ihrer Herangehensweise zu wider-

sprechen oder Fehler offenzulegen. Das kannst Du alles tun – aber nur diplomatisch und in vertrauensvoller Atmosphäre unter vier Augen. Sonst riskierst Du Angst und Vertrauensverlust – beides wirkt sich unmittelbar nachhaltig auf die Teamleistung aus.

✓ **Wähle eine achtsame Sprache:**
Vielleicht zeichnet sich Deine Sprache durch einen direkten, unverblümten Stil aus – oder Du wählst in bestimmten Situationen auch heftige Formulierungen. Wenn Du jedoch ein Team führst, völlig unabhängig davon, aus welchen Kulturen es sich zusammensetzt, ist eine wertschätzende, achtsame Sprachwahl wichtig. Versuche Killerphrasen wie »immer«, »nie«, »total«, »absolut«, »völlig« durch weichere Formulierungen wie »manchmal«, »etwas«, »teilweise« zu ersetzen. Die Gesprächsatmosphäre wird dadurch offener und friedlicher, die Menschen fühlen sich automatisch eingebundener (siehe hierzu auch Kapitel II.5 BEURTEILEN).

✓ **Entpersonalisiere Ideen, bevor Du sie mit Deinem Team besprichst:**
Für einen offenen Austausch diverser Ideen bietet sich eine Workshop-Methode an, die Du jederzeit anwenden kannst: Bitte die Teilnehmer, ihren Input auf Karten oder große Post-its zu schreiben und hänge sie für alle sichtbar an ein Brett. So lassen sich unabhängig von den Personen, die diese Gedanken geäußert haben, Ideen in der Gruppe gut diskutieren (siehe hierzu auf Kapitel II.1 KOMMUNIZIEREN).

✓ **Fasse direkte Konfrontationen als Einladung zu einer sachlichen Debatte auf:**
Wenn Du aus einer Kultur stammst, die mit Widersprüchen und abweichenden Meinungen zurückhaltender umgeht, kostet Dich dieser Schritt zunächst vielleicht Überwindung. Doch Du bist mit Gesprächspartnern aus debattenfreundlichen Kulturen gut beraten, ihre Standpunkte als Einladung zur Perspektiverweiterung aufzufassen. Ihr offen geäußerter Widerspruch richtet sich wahrscheinlich nicht gegen Dich persönlich. Nimm es sportlich, bleib ebenfalls sachlich und lasse Dich auf neue Betrachtungsweisen ein.

 **ZOOM**

SCARF – SICHERHEIT (CERTAINTY)

Das Beispiel von Cees hat uns gezeigt, dass in der Zusammenarbeit der Umgang mit Widerspruch, Kontroversen oder anregenden Debatten durchaus von kultureller Prägung abhängen kann. In anderen Fällen allerdings kann nicht geäußerter Widerspruch mit einem Gefühl mangelhafter Sicherheit im Team verbunden sein. In solchen Situationen betrachten wir nicht mehr eine kulturelle, sondern eine psychodynamische Ebene in der Zusammenarbeit: Das ist die Ebene der Interaktion zwischen Menschen in einem Team und ihre Bereitschaft, zwischenmenschliche Risiken einzugehen. Was bedeutet das konkret in Bezug auf Widerspruch? Es bedeutet, dass Menschen sich dann eingeladen fühlen, ihre kontroversen Ansichten oder abweichenden Perspektiven zur Verfügung zu stellen, wenn es atmosphärisch eine Erlaubnis gibt, dies zu tun. Wenn sie dafür also nicht bestraft werden – durch Missachtung oder mangelnde Wertschätzung – sondern wenn sie dafür belohnt werden durch Aufmerksamkeit, Achtung und inhaltliche Auseinandersetzung. Das Phänomen der individuell empfundenen Sicherheit spielt also für die gelebte Debatte in Teams ebenfalls eine Rolle.

Da das Thema Sicherheit in Teams für die Zusammenarbeit so zentral ist und sich auf so unterschiedlichen Ebenen positiv oder einschränkend bemerkbar machen kann, werden wir diesen Aspekt in der folgenden Vertiefung auf das Thema Leistungsfähigkeit beziehen. Wie also hängen empfundene Sicherheit und erlebte Leistungsfähigkeit eines Einzelnen oder eines ganzen Teams zusammen? Schauen wir uns dazu die Säule Sicherheit aus dem SCARF-Modell von David Rock genauer an.

In seinem Modell beschreibt David Rock, dass wir alles Unbekannte, Unsichere, Widersprüchliche schnell als Bedrohung wahrnehmen, da wir die weiteren Konsequenzen nicht abschätzen können. Unser Gehirn ist im Alarmzustand, es fährt das archaische Notfallprogramm hoch. Wir bereiten uns darauf vor zu fliehen, anzugreifen oder uns tot zu stellen. Wird die empfundene Bedrohung zu groß, sind wir nicht mehr entspannt, nicht offen für Neues. Kollaboration und Perspektiverweiterung finden nicht statt. Klar ist: Jeder Mensch reagiert individuell. Was für den einen eine Bedrohung darstellt, ist für den anderen vielleicht kein Thema.[2]

So hat Cees im Laufe seiner Berufstätigkeit auch festgestellt, dass der eigentliche Hebel für konstruktive Zusammenarbeit in der persönlichen Beziehung zwischen den Beteiligten liegt. In diesem Raum zu zweit ist offener Austausch häufig viel besser möglich. Besteht Vertrauen – also Sicherheit –, können auch Widerspruch und Abwehr durch Klärung, Kompromisse oder neuen Konsens benannt, bearbeitet und überwunden werden.

Als Führungskraft wird es Dir konkret nützen, Dir die Dimension der Sicherheit hinsichtlich der Teamleistung bewusst zu machen. Bei genauerer Betrachtung wirst Du feststellen, dass die Leistung von Einzelnen oder vom ganzen Team leidet, wenn diese Säule gefährdet ist.

Stärken lasst sich diese Säule durch eine möglichst große Klarheit darüber, was zukünftig geschehen wird oder was genau vom Einzelnen erwartet wird. Unser Gehirn liebt Vorhersehbarkeit. Deswegen haben wir alle eine Wetter-App auf dem Handy. Ist es nicht toll, jetzt schon zu wissen, dass es morgen früh regnen wird? Falls es sich dann doch anders entwickelt, werden wir damit zurechtkommen, aber wenigstens konnten wir uns auf Regen schon einmal einstellen. Wir fühlen uns vorbereitet. Für Dich als Führungskraft bedeutet das konkret: Sprich so viel wie möglich über das, was Du weißt und absehen kannst. Und sage bei allem, was Du noch nicht absehen kannst: »Ich werde Dir die Informationen zur Verfügung stellen, sobald ich sie habe.« Diese proaktive Kommunikation erhöht das empfundene Sicherheitsgefühl enorm – jedenfalls in Zeiten normaler Herausforderung eines dynamischen Arbeitsalltags.

Im Arbeitsleben ist es leider nicht ganz zu vermeiden, dass die fünf Säulen von SCARF, also Status (*Status*), Sicherheit (*Certainty*), Autonomie (*Autonomy*), Verbundenheit (*Relatedness*) und Gerechtigkeit (*Fairness*) immer mal wieder in ihrer Ausprägung gefährdet sind. Vermutlich hast Du das auch schon erlebt. Besonders instabil sind diese Säulen in Zeiten von Transformationen. Also in Zeiten großer Veränderung. Veränderung bedeutet Ungewissheit, Unplanbarkeit, Unsicherheit. Das wirkt sich aus.

Schauen wir uns an einem Beispiel an, wie sich das Thema Sicherheit – also Klarheit und Einschätzbarkeit für das, was kommt – unmittelbar auf die Leistungsfähigkeit auswirken kann.

Als Jasmin zu mir ins Coaching kommt, geht es ihr schlecht. Sie schläft nachts nicht gut, wacht oft schweißgebadet auf, ist morgens gerädert, kann sich nicht richtig konzentrieren, kann aber auch nicht richtig abschalten und entspannen. Ihre Kinder und ihr Mann haben das Gefühl, alles falsch zu machen – Jasmin ist gereizt, ungeduldig, aufbrausend. Sie weiß gar nicht, wann sie das letzte Mal von Herzen gelacht hat. Im Job hat sie jede Motivation verloren, und das für eine Tätigkeit, die sie eigentlich jahrelang mit viel Freude ausgeübt hat.

Diesen letzten Punkt schauen wir uns im Coaching genauer an. Sie arbeitet für einen internationalen Textilkonzern als Projektmanagerin in der Produktentwicklung. Im Rahmen einer großen Umstrukturierung stellt der Konzern bestimmte Bereiche auf agile Arbeitsweisen um. Dadurch soll sich die gesamte bisherige Organisation verändern.

Die Menschen werden je nach Kontext und Fachthemen in Form von *Tribes, Chaptern* und *Squads* strukturiert sein. Ihre Chefin hat ihr gesagt, sie könne sich auf die Rolle als Chapter Lead bewerben. Ihre Chefin sagte aber auch, mit der Transformation sei ein Personalabbau verbunden und die zu besetzenden Posten würden wohl heiß umkämpft sein.

Beides – sowohl die Information, dass der Konzern auf agile Arbeitsweisen umstellt als auch die Ankündigung, dass nicht alle Personen einen Platz in der neuen Struktur finden werden – löst in Jasmin ein Gefühl von Lähmung aus. Sie ist überfordert. Agilität kennt sie nur aus den Schilderungen ihrer Freunde aus anderen Unternehmen – und die klingen nicht immer begeistert. Bewerbungen hat Jasmin viele Jahre lang nicht mehr verschickt, interne Beförderung fanden meist auf der Basis von mehreren Gesprächen statt.

Im Coaching stellt sich immer klarer heraus, wie stark sich die Unsicherheit auf Jasmins Leistungsfähigkeit auswirkt. Sie wäre vielleicht sogar bereit, sich in agile Arbeitsweisen einzuarbeiten und mit mehr Freude und Konzentration an Schulungen teilzunehmen, wenn sie wüsste, dass sie anschließend sicher einen Platz in der Organisation fände. Aber da sie gedanklich gleichzeitig mit dem anstehenden Personalabbau beschäftigt ist und ihre Zukunft davon massiv bedroht sieht, fühlt sie sich gefangen und unfähig, ins Handeln zu kommen.

Es dauert seine Zeit, bis Jasmin genau benennen kann, was sie bedrückt, was sie will und was sie nicht will. Sie möchte wieder das Gefühl haben, selbst entscheiden zu können, und die Dinge tun, die ihr Spaß machen. Sie möchte nicht Getriebene sein. Sie wünscht sich Gestaltungsspielraum und Handlungsmöglichkeiten zurück – wie wir wissen, ist

Autonomie ebenfalls eine Säule des SCARF-Modells. Schritt für Schritt öffnet sie sich für den Gedanken, ihre weitere berufliche Zukunft in einem anderen Unternehmen zu finden und die anstehende Veränderung hierfür als Anstoß zu sehen. Wir fangen an, ihre Bewerbungsunterlagen zu aktualisieren, üben Vorstellungsgespräche und schärfen ihr Businessprofil auf einschlägigen Plattformen.

Schließlich bewirbt sie sich auf eine ausgeschriebene Stelle, die sie durch ihr Netzwerk findet. Die Stelle passt nicht ganz – Jasmin bringt weitreichendere Erfahrungen mit als gesucht. In den nächsten Wochen hört sie: nichts.

Die im Coaching mühsam aktivierte Zuversicht und Energie drohen zu verpuffen. Ihr Selbstwert ist am Boden – jetzt kommt noch das bedrückende Gefühl hinzu, für den Arbeitsmarkt nicht attraktiv zu sein. Meine Erklärungen, dass die Dynamik nichts mit ihrer Qualifikation zu tun hat, sondern mit vielen anderen Faktoren zusammenhängen kann, verhallen. Dass diese erste Bewerbung ohnehin nur einen Anfang darstellt, einen ersten Schritt, dem noch viele weitere folgen werden: Meine Worte erreichen sie nicht.

Als sie zwei Wochen später bei mir anruft und berichtet, sie sei zum Vorstellungsgespräch eingeladen, überschlägt sich ihre Stimme vor Aufregung. Das Gespräch findet bereits drei Tage später statt, das gibt uns wenig Zeit zur Vorbereitung. Die Generalprobe am Vortag – wie in jedem Theaterstück auch – verläuft chaotisch. Sie verliert die Übersicht über ihren Lebenslauf, kann plötzlich Hürden von Erfolgen nicht mehr unterscheiden, hat große Mühe, komplexe Zusammenhänge verständlich darzustellen. Ich mache ihr Mut, versuche, ihr die Nervosität zu nehmen, zeige immer wieder auf, dass das alles nur ein erster Schritt ist und kein Traumjob, der sich ihr nur einmal im Leben bietet – aber in der Nacht schlafe ich ebenfalls schlecht.

Als sie mich nach dem Gespräch anruft, ist sie zwar am Apparat, aber ich höre sie nicht.

»Jasmin? Wie ist es gelaufen?«, frage ich – etwas alarmiert. Sollte es tatsächlich so schlecht verlaufen sein?

Sie atmet hörbar ein und aus. »Ja«, sagt sie schließlich, »ich weiß gar nicht, wie ich das beschreiben soll. Ich bin etwas fassungslos«.

Oh nein, denke ich, und habe ein flaues Gefühl im Magen. Das wird Kraft kosten, sie wieder aufzurichten.

»Sie waren so angetan von mir und möchten mich unbedingt haben, dass sie eine neue Stelle ausschreiben werden, auf die meine Qualifikation besser passt. Für die jetzige Stelle bringe ich mehr mit als sie suchen, das macht sich auch im Gehalt bemerkbar. Da sie diesen Bereich aber ohnehin ausbauen werden und die Leitungsrolle besetzen wollen, kam ich ihnen mit meiner Bewerbung zuvor. Es ist jetzt noch ein formaler Prozess, das dauert noch etwas, aber ich bin dabei.«

Mir ist klar: Derartige Wendungen geschehen nicht oft, und auch in meiner Beratertätigkeit erlebe ich das selten. Aber es passiert. Es wäre nie dazu gekommen, wenn Jasmin nicht auf ihr Gefühl gehört hätte, das ihr durch die umfassende Unsicherheit in ihrer Situation beschert wurde. Sie hatte sich schlecht gefühlt, war gestresst, demotiviert, überfordert und ihren Aufgaben nicht mehr in gewohnter Konzentration und Qualität gewachsen. Das wollte sie ändern – sie wollte die Steuerung über ihr Leben zurück.

Vielleicht kennst Du diese Situation selbst. Vielleicht hast Du sie als Mitglied eines Teams in Phasen der Transformation erlebt oder auch als Führungskraft, die trotz der Unsicherheit eine gewisse Leistungskonstanz in ihren Teams gewährleisten muss. Das Bewusstsein, das Du jetzt für die Säule der Sicherheit hast, wird es Dir ermöglichen, in solchen Situationen verständnisvoller mit Deinem Team oder Dir selbst umzugehen. Denn: Mit diesem Bewusstsein kannst Du als Führungskraft Dynamiken besser erkennen, identifizieren und vertrauensvolle Gespräche mit Deinen Teammitgliedern führen.

Es ist durchaus möglich, dass zugewandte Gespräche zwischen der Chefin und Jasmin zur aktuellen Situation Jasmin wieder mehr Zuversicht und Energie gegeben hätten. Es ist sogar sehr wahrscheinlich, dass sich diese Gespräche positiv auf Jasmins Arbeits- und Leistungsfähigkeit ausgewirkt hätten.

ZOOM HACKS

Jasmins Geschichte ist ein Beispiel dafür, wie sehr sich das Gefühl von Sicherheit und Vorhersehbarkeit auf unsere Leistungsfähigkeit und unser Wohlbefinden auswirken kann.

Als Führungskraft wirst auch Du diese Erfahrung von Dir selbst oder Deinen Teammitgliedern kennen, da es zu unserem Alltag und Arbeitsleben dazugehört, dass wir nicht immer gut einschätzen können, was passieren wird und wir uns oft entsprechend unsicher fühlen. Unsicherheit kommt also vor. Diese Tipps helfen Dir, Deinem Team den Umgang mit Unsicherheit zu erleichtern.

✓ **Kommuniziere lieber mehr als weniger:**
Diesen Punkt unterschätzen die meisten Führungskräfte. Sie wollen ihre Teams nicht mit etwas langweilen, was sie letzte Woche schon im Meeting gesagt haben. Aber: Menschen in Veränderungsprozessen sind mit ihrer Aufmerksamkeit und Wahrnehmung oft ganz woanders als Du

selbst. Unsicherheit oder Angst führen auch dazu, dass unsere Sinne nur eingeschränkt funktionieren. Selbst, wenn Du etwas sicher schon mehrfach und deutlich gesagt hast, kann es Menschen in Deinem Team geben, die es zum ersten Mal wirklich »hören«. Mach Dir das bewusst und stell Dich darauf ein. Je häufiger Du über das sprichst, was Du jetzt schon weißt und sehen kannst, desto vertrauter werden sich die Inhalte und Wiederholungen für Deine Teammitglieder anfühlen. Und je vertrauter ein Sachverhalt ist, desto weniger bedrohlich fühlt er sich an. Damit erzielst Du den ersten Schritt für Aufnahmebereitschaft, Motivation und Arbeitsfähigkeit.

✓ **Mache das Unsichtbare sichtbar:**
Wenn Du Informationen noch nicht hast und selbst nicht weißt, wie sich bestimmte Themen weiterentwickeln werden, dann teile das mit. Du könntest sagen: »Diese Informationen liegen mir noch nicht vor. Aber sobald ich mehr weiß, sage ich Dir Bescheid.« Auch das erzeugt ein Gefühl von Vertrauen und Verlässlichkeit.

✓ **Zerlege einen komplexen Prozess in einzelne kleine Schritte:**
Neue Pläne und Strategien können sich erst einmal undurchdringlich anfühlen. Je häufiger und klarer Du anstehende Veränderungen in ihren Gesamtzusammenhang einordnest und sowohl Ziele als auch nächste Schritte konkret und deutlich kommunizierst, desto leichter machst Du es Deinen Teammitgliedern, Dir zu folgen.

✓ **Regelmäßige Kommunikationstermine geben zusätzliche Sicherheit:**
Routinen wirken beruhigend, gerade in unsicheren Zeiten. Lege wiederkehrende Termine fest, in denen Informationen erfolgen. Signalisiere, dass Du als Gesprächspartner

zur Unterstützung und Begleitung in dieser unsicheren Phase gern bereit bist. Auch die Verbundenheit zu Dir erhöht das Gefühl für Vertrauen und Sicherheit.

 ZUSAMMENFASSUNG

In diesem Kapitel geht es um Widerspruch und Sicherheit. Beides kann miteinander zusammenhängen, wenn zum Beispiel Widerspruch nur in einem geschützten und vertrauensvollen Rahmen möglich ist – oder so empfunden wird. Unabhängig von den jeweiligen Kulturen der Gesprächspartner sind hierfür gute zwischenmenschliche Beziehungen am Arbeitsplatz der beste Ansatz. Denn bei einem guten Draht zueinander kann man im Vieraugengespräch mehr klären als in großer Teamrunde. Das Bedürfnis nach Sicherheit ist ein universelles menschliches Grundbedürfnis, das in Zeiten von Veränderung schnell bedroht wird. Da wir lernen müssen, mit Veränderungen und Unvorhersehbarkeiten zu leben, bist Du als Führungskraft gut gewappnet, wenn Dir der Stellenwert von Sicherheit in Deinem Team bewusst ist. Durch die Hacks weißt Du nun, wie Du gezielt auf dieses Bedürfnis eingehen kannst, so dass Deine Teammitglieder (wieder) zuversichtlicher und motivierter arbeiten können.

II.3 ÜBERZEUGEN

Die Anfrage kam spätabends per E-Mail. Ich wollte gerade den Rechner herunterfahren, als mir die Betreffzeile ins Auge sprang. *Cultural Awareness Workshop in Barcelona.*

Barcelona – der Klang dieses Wortes, sogar schon seine Silhouette lösen in mir jedes Mal einen Herzsprung aus, erst recht die Erinnerungen an mein Leben in dieser Stadt. Nach Abschluss meines Studiums hatte ich einen Ausgangspunkt für etwas Neues gesucht – eine inhaltliche Orientierung war mir noch nicht klar. Mein Blick war auf Barcelona gefallen. Ohne Plan, nur ein Koffer mit Klamotten und die große Sehnsucht nach Lebensfreude. Der Rest würde sich finden. Eine Entscheidung, ähnlich fundiert wie die, in Mexiko zu studieren: nämlich gar nicht, nur dem Gefühl folgend. Es lohnte sich: Meine Jahre in Barcelona sollten der Grundstein meiner Karriere als selbständige Beraterin und der Startschuss in die internationale Zusammenarbeit sein.

Die E-Mail hatte es in sich. Der Anforderungskatalog an den Workshop war lang und anspruchsvoll, der Zeitrahmen hingegen denkbar schmal. Es ging um die interkulturelle Vorbereitung einer *Post Merger Integration*. Ein deutsches Pharmaunternehmen hatte eine Sparte an einen US-amerikanischen Konzern verkauft, die Integration stand unmittelbar bevor. Im Rahmen einer globalen Führungskräftekonferenz sollten die top 150 Managerinnen aus aller Welt auf die neue Form der Zusammenarbeit eingestimmt werden. Neben den gewünschten *best practices* zur Überbrückung interkultureller Unterschiede sollte die neue Zielkultur des US-amerikanischen Konzerns griffig skizziert und mit einschlägigen Management-Modellen hinterlegt werden.

Gesucht wurde ein *high-end trainer with vast knowledge and experience*.

Kennst Du das Imposter-Syndrom? Das schlägt zu, wenn Du Dich trotz Deiner Expertise wie ein Anfänger fühlst. Kennen eigentlich alle, denen das Herz bei Anlässen mit hoher Relevanz schon mal aus dem Hals springt. War das nicht eine Nummer zu groß für mich?

Die Anfrage faszinierte mich trotzdem, ich antwortete noch in der Nacht. Am nächsten Morgen hatten wir weitere Informationen ausgetauscht, ein erster Infocall war angesetzt. Meine Gesprächspartner waren

Mitarbeitende des Strategieteams, das den Merger vorbereitet hatte – ein Team unter deutscher Führung. Ihre Vorstellungen waren sehr spezifisch und umfangreich. Meine Impulse nahmen sie interessiert auf. Die Zeit drängte. Nach ein paar Abstimmungsrunden sagte ich den Auftrag zu und reichte einen Entwurf ein – eine Kombination aus Vortrag und Workshop auf der Basis dessen, was wir gemeinsam besprochen hatten. Mein Ziel war, das Auditorium für die anstehende Integration zu gewinnen, sie konkret darauf vorzubereiten und sie gleichzeitig mit praktischen Beispielen zu unterhalten. Jede Trainerin weiß: Wenn Inhalte Spaß machen, ist die Chance größer, dass sie verstanden und angewendet werden. Was dann folgte, überraschte mich. Meine Konzeption wurde in engmaschig angesetzten Meetings mit dem Strategieteam auseinandergenommen und neu zusammengesetzt. Schwerpunkte verschoben sich, Inhalte bekamen eine andere Ausrichtung. Mit der Begründung, dass man die Zielgruppe sehr gut kenne und einschätzen könne. Am Ende stand ein Konzept, das sich fremd anfühlte. Es war trockener und theoretischer geworden, die Leichtigkeit war verschwunden. Das Strategieteam war zufrieden und erteilte die Freigabe. Mein Abflug war zwei Tage später.

Am Flughafen wurde ich von einem Fahrer in Empfang genommen. Das ist sonst nicht der Fall, ich fühlte mich mindestens wie ein Filmstar. Nach einer halben Stunde erreichten wir die weiträumige Anlage mitten in der Natur. Es dauerte noch ein paar Stunden bis zum Gala Dinner – die Veranstaltung am Vorabend, zu der ich netterweise eingeladen worden war. Ich schaute mir die Präsentation für den Folgetag mehrfach an, ging immer wieder murmelnd Inhalte und Kernaussagen durch. Gut fühlte ich mich damit noch nicht. Es war nicht »meins«.

Als es Zeit fürs Gala Dinner war, zog ich mich um und ging in den Festsaal. Mir schlug ein Flirren aus Stimmen, Musik und Eiswürfeln in Cocktailshakern entgegen. Es ist gut, als Speaker bei Veranstaltungen schon vorher Kontakt zur Gruppe aufzunehmen, um Schwingungen einzufangen. Das erleichtert eine gezieltere Ansprache im Vortrag und spontane Bezüge auf das, was man vorher aufschnappen konnte. Es ist allerdings nicht immer einfach, an solchen Abenden wirklich eine Verbindung zur Gruppe herzustellen. Für einen selbst sind alle Anwesenden unbekannt – während die anderen alle wissen, dass das fremde Gesicht zu dem »externen Input« am nächsten Tag gehört. An solchen Abenden wollen viele mit Leuten sprechen, die sie lange nicht gesehen haben und legen wenig Wert auf Smalltalk mit einer externen Trainerin, die sie danach nie wiedersehen. Verständlich.

Ich stellte mich mit meinem Glas Sekt zu einer Gruppe von Managerinnen aus dem deutschen Headquarter – sie waren im Gespräch und rückten höflich etwas zur Seite, so dass ich mich dazustellen konnte. Die Stimmung in dieser Runde war etwas angespannt. Sie machten sich Sorgen um ihre Jobs. Bei Integrationen passiert es oft, dass Positionen doppelt besetzt sind. Sie sind sowohl in der alten Unternehmensstruktur vorhanden als auch in der Zielorganisation. Im Rahmen von Reorganisationen werden diese Strukturen dann angepasst – manche Mitarbeitende müssen sich daraufhin neue Aufgaben suchen, intern oder extern. Manchmal werden externe Organisationsentwickler bei solchen Restrukturierungen hinzugezogen, um sowohl die Prozesse der Neuorganisation zu schärfen als auch die Mitarbeitenden in ihrer neuen Situation zu unterstützen. Das Thema war mir sehr vertraut. Die Managerinnen setzen ihr Gespräch fort, und ich versuchte zu verstehen, ob sie einer generellen Befürchtung Ausdruck verliehen oder ob aufgrund ihrer Rollen schon klar war, dass sie sich beruflich verändern müssten.

»Welcher konkrete Aspekt der Integration macht Ihnen persönlich denn am meisten zu schaffen, wenn Sie an die nächsten Wochen denken?«, fragte ich in der Hoffnung auf weitere Anhaltspunkte.

»Also, wenn Sie DAS nicht wissen, weiß ich nicht, warum man einen externen Speaker Ihres Kalibers zu dieser Veranstaltung eingeladen hat« – eine der Damen schaute mich böse an, drehte sich um und verließ die Runde. Die anderen, etwas bestürzt, folgten ihr.

Verdattert stand ich da, allein. Einfach stehengelassen. Was für eine Reaktion! Heftig und direkt. Mein Blick wanderte durch den Raum. Nicht weit entfernt von mir erkannte ich einen Mitarbeiter des Strategieteams, den ich in der Abstimmungsphase zu meinem Vortrag ständig per Videokonferenz gesehen hatte. Er zog eine Augenbraue hoch und machte ein fragendes Gesicht.

Ein Gong ertönte, die Geschäftsführerin sagte ein paar begrüßende Worte und bat die Gäste, zum Dinner Platz zu nehmen. Alle setzten sich in Bewegung, ich folgte dem Strom und landete an einem englischsprachigen Tisch mit Briten und Amerikanern. Neben mir saß Sarah, eine junge Engländerin. Es wurde lebendig und unterhaltsam, meine Tischnachbarn bezogen mich so gut es ging mit ein. Im Laufe des Abends gewährte mir Sarah ein paar interne Einblicke, so dass ich mir ein konkreteres Bild der aktuellen Lage machen konnte. Währenddessen fuhren die Kellner verschiedene Gänge auf. Zwischendurch gab es einige Reden ranghoher Persönlichkeiten, die zum abgewickelten *Merger* gratulierten. Mittlerweile war es spät geworden. Der letzte Espresso war getrunken, die Musikband betrat die Bühne, und Sarah beugte sich ein letztes Mal zu mir herüber.

»Ich freue mich auf morgen«, sagte sie. »Ich bin sehr gespannt auf die ganzen praktischen Beispiele in Deinem Vortrag, da kannst Du sicher aus dem Vollen schöpfen. *Encourage us! Theory might not be the most forgiving approach here, that's self-evident.*" In anderen Worten: Mach bloß keinen Fehler und langweile uns mit theoretischen Modellen! Du hast verstanden, in welcher Lage wir sind: Mach uns Mut für das, was kommt!

Wie in Zeitlupe ging ich auf mein Zimmer zurück. Sarahs Worte hämmerten durch meinen Kopf. *Theory might not be the most forgiving approach.* Ich musste die Präsentation umbauen. So konnte sie auf keinen Fall bleiben. Mit Entsetzen klappte ich meinen Rechner auf und sah mir den Foliensatz an. Zu viel Inhalt, zu viel Theorie, zu wenig Interaktion, kein Entertainment. Ich sah auf die Uhr. Halb eins. Ein paar Stunden hatte ich noch.

Als ich am nächsten Morgen nach dem Frühstück in der Nähe der Bühne stand, die Techniker mein Headset verkabelt hatten und sich der Saal langsam füllte, war ich Adrenalin pur. Die Geschäftsführerin kündigte mich an – das gab mir Zeit, ein paar Mal länger auszuatmen als einzuatmen, um mit tiefer Stimme sprechen zu können.

Wie lässt man ein multikulturelles Auditorium hautnah erleben, dass Strategien nur dann funktionieren, wenn sie von der Zielgruppe angenommen werden? Dass Botschaften nur dann verstanden werden, wenn sie empfängergerecht kommuniziert werden?

Kennst Du paradoxe Interventionen? Die wirken Wunder.

Ich betrat die Bühne, schaute in die Augen der Zuhörenden, schwieg ein paar lange Sekunden und setzte an. Auf Spanisch. Nicht nur ein paar Worte, sondern ich beschrieb genau diese Aufgabenstellung: Menschen für ein Thema erlebbar zu sensibilisieren – Bewusstsein für kulturelle Unterschiede in einem Team herzustellen für eine bessere Zusammenarbeit. Dann schwieg ich. Stille. Verwunderung, Irritation. Was hatte sie gesagt? War das Spanisch? Es dauerte einen Moment, dann fing die Gruppe der Spanischsprechenden an zu jubeln. Sie lachten, klatschten und riefen ihre Zustimmung laut in den Raum. Sie hatten verstanden, was ich gesagt hatte, konnten dem Inhalt folgen und begriffen den Sinn meiner Intervention. Ihre Reaktion war laut und fröhlich, sie rissen die anderen mit, das Eis war gebrochen.

Erleichtert machte ich weiter, wie vereinbart auf Englisch, stieg mit konkreten Beispielen ein, stellte Fragen in die Runde, baute einen Insider ein, den Sarah mir am Vorabend zugeraunt hatte, ließ Folien aus, blendete sehr vereinzelt in verschlankter Form theoretische Anteile ein, die ich mit kurzen Geschichten erklärte. Jetzt war es gut.

Die mit dem Strategieteam erarbeitete Grundstruktur hatte ich erhalten, nur die Herangehensweise hatte ich bis tief in die Nacht gründlich überarbeitet. So war es lebendiger und ansprechender, die Zuhörenden wurden direkt mit einbezogen.

Ich war schweißgebadet, aber zufrieden.

Und um zwei Erkenntnisse reicher: Geschichten sind stärker als Modelle. Keine Theorie bleibt bei Zuhörern so gut hängen wie konkrete Beispiele.

Und: Nie wieder würde ich so viel externe Steuerung in der Ausgestaltung meiner Inhalte zulassen. Überzeugend ist nur das, was man selbst mitbestimmt hat.

Um besser zu verstehen, warum sich die Entwicklung der Präsentation in Zusammenarbeit mit dem Strategieteam für mich so sperrig angefühlt hatte, schauen wir uns im Modell von Meyer die Skala ÜBERZEUGEN genauer an.[1]

II.3 ÜBERZEUGEN

Italien Russland Deutschland   Argentinien Schweden Niederlande Australien USA
Frankreich Spanien Ukraine   Brasilien Mexiko Dänemark Großbritannien Kanada

Von Prinzipien ausgehend ←──→ Von der Anwendung ausgehend

Von der Anwendung ausgehend: Den Menschen wird beigebracht, mit einem Fakt, einer Feststellung oder einer Meinung zu beginnen und Konzepte später nachzureichen, um die Schlussfolgerung nötigenfalls zu stützen oder zu erläutern. Eine Botschaft oder ein Bericht wird bevorzugt mit einer Zusammenfassung oder Punkteaufzählung eingeleitet. Diskussionen werden auf praktische, konkrete Weise angegangen. Theoretische oder philosophische Diskussionen werden im geschäftlichen Umfeld vermieden.

Von Prinzipien ausgehend: Den Menschen wird beigebracht, zuerst die Theorie oder das komplexe Konzept zu entwickeln, bevor sie einen Fakt, eine Feststellung oder eine Meinung präsentieren. Eine Botschaft oder ein Bericht wird bevorzugt damit eingeleitet, dass eine theoretische Argumentation aufgebaut wird, bevor es zur Schlussfolgerung kommt. Die konzeptuellen Prinzipien, die jeder Situation zugrunde liegen, werden wertgeschätzt.

Quelle: Erin Meyer, Die Culture Map (2018)

Abbildung 4: Orientierung an Prinzipien oder Anwendung

Auf der einen Seite der Skala befinden sich Kulturen, die einen Schwerpunkt auf Theorie setzen. Erst Theorie, dann Praxis. Erst Modelle, dann Beispiele. Hier lernen schon Schulkinder im Laufe ihrer Schulzeit, wie sie Argumente aufbauen, gegeneinander abwägen und am Ende zu einer Schlussfolgerung kommen. These, Antithese, Fazit. Diese Herangehensweise untermauert das Fundament der Schlussfolgerung. Eine transparente Analyse der hinzugezogenen Daten soll sicherstellen, dass der Zuhörer das Ergebnis nachvollziehen kann. Frankreich, Italien, Spanien und Russland zählen zu den Kulturen, die einen theoretischen Ansatz in ihren Präsentationen bevorzugen – dicht gefolgt von Deutschland. Dieser Logik folgten auch meine Ansprechpartner vom Strategieteam, als sie in einem ausgeprägten Bedürfnis, das Ergebnis zu kontrollieren, die Steuerung über meinen Entwurf übernahmen.

Am gegenüberliegenden Ende der Skala finden sich angelsächsische Kulturen wie die USA, Kanada, Australien und Großbritannien. Hier zählt der Fokus auf die Praxis. Präsentationen sind häufig sehr unterhaltsam und starten mit guten Geschichten. Das macht sie anschaulich und konkret. Diese Logik setzt sich auch in Schriftform fort. Längere Artikel präsentieren zu Beginn eine kurze Zusammenfassung der Kerngedanken. Also Fazit zuerst, nicht zuletzt. Zugrunde gelegte Konzepte und Modelle befinden sich im Backup und werden häufig gar nicht gezeigt. Für Ausführungen und Details werden gern Aufzählungszeichen verwendet, um die Schlüsselworte auch optisch hervorzuheben. Der Praxisbezug steht im Vordergrund. Theoretische oder gar philosophische Diskussionen werden vermieden.

Der Fokus auf die Praxis erklärt Sarahs dringenden Appell, den Vortrag mit praktischen Beispielen anschaulich zu machen und niemanden mit Theorie zu langweilen. In der ursprünglichen Konzeption meines Inputs hätte ich Sarahs Aufmerksamkeit und die vieler anderer Menschen im Auditorium schnell verloren.

Skandinavien und die Niederlande befinden sich mittig auf der Skala, während lateinamerikanische Kulturen nicht weit vom theoretischen Ansatz in Präsentationen entfernt sind.

Du wunderst Dich wahrscheinlich, warum Du keine asiatischen Kulturen auf der Skala ÜBERZEUGEN siehst. Da in der Tendenz asiatische Kulturen grundlegend anders auf Gegebenheiten schauen als von Europa beeinflusste Kulturen, hat Meyer hierfür eine eigene Skala aufgesetzt.[2]

II.3.1 ÜBERZEUGEN IN SPEZIFISCHEN UND GANZHEITLICHEN KULTUREN

Kanada   GB   Thailand   Korea
USA Australien Deutschland   China   Japan

Spezifische Kulturen ···→ Ganzheitliche Kulturen

Spezifische Kulturen	Westliche Kulturen: Menschen schätzen detaillierte Informationen, was genau wann erwartet wird. Ausführliche Hintergrundinformationen sind nicht notwendig.
Ganzheitliche Kulturen	Asiatische Kulturen: Menschen möchten Informationen in den Gesamtzusammenhang einordnen können und wollen die Folgen von Handlungen und Entscheidungen verstehen.

Grafische Darstellung zu Erin Meyers Ausführungen,
Quelle: Erin Meyer, Die Culture Map (2018), S. 115-122.

Abbildung 5: Spezifische oder ganzheitliche Orientierung

In dieser Skala beschreibt sie, dass westliche Kulturen einen spezifischen Ansatz verfolgen und punktuelle konkrete Informationen zu einer Aufgabenstellung schätzen. Asiatische Kulturen hingegen betrachten Entwicklungen ganzheitlicher und wollen sowohl den Gesamtzusammenhang als auch die Folgen einzelner Schritte und Entscheidungen verstehen. Überprüfe doch einmal, ob Du dieses Phänomen als Führungskraft in Deiner täglichen Zusammenarbeit mit gemischten Teams bestätigen kannst.

DEIN TRANSFER IN DIE PRAXIS

VERBINDE THEORIE UND PRAXIS DURCH STORIES

Ein kulturell gemischt zusammengesetztes Team oder Auditorium von einer Sache zu überzeugen, hat es in sich. Gleichzeitig ist es eine Deiner wichtigsten Aufgaben als Führungskraft, Dein Team hinter Dir zu versammeln und vor anderen einen nachhaltig positiven Eindruck mit Deinem Input zu hinterlassen. Denn: Um Dinge voranzubringen, brauchst Du Auftritte mit großer Wirkung. Mit diesen Tipps gelingen sie Dir.

✓ **Sei unterhaltsam:**
Du kennst die geringe Aufmerksamkeitsspanne, die uns ausmacht. Häufig ist sie nicht viel umfassender als die eines Goldfisches. Leider wahr! Umso wichtiger: Finde einen fesselnden Einstieg für Deinen Vortrag: eine Anekdote, ein steile These, eine provokante Frage, eine paradoxe Intervention. So gewinnst Du die Zuhörer von Anfang an. Die AIDA-Formel gibt Dir hierfür eine passende Struktur, die Du immer anwenden kannst.[3]

✓ **Geschichten sind stärker als Modelle:**
Unabhängig davon, ob Deine Zuhörer einen eher theoretisch oder eher praktisch orientierten Ansatz Deiner Präsentation erwarten, mach es anschaulich. Selbst für trockene Sachverhalte lassen sich Bilder finden, Metaphern oder Fotos[4]. Konkrete Beispiele kommen in jeder Kultur gut an, denn sie erleichtern Verständnis und die Übertragung der Erkenntnisse auf andere Situationen.

✓ **Nutze nie denselben Foliensatz für kulturell unterschiedliche Gruppen:**
Manche Kulturen bevorzugen zuerst eine Erklärung zum theoretischen Fundament einer Analyse, sonst können sie sich den Erkenntnissen nicht anschließen. Andere Kulturen langweilt dieser Ansatz, sie wollen sofort Praxisbeispiele, Empfehlungen und Strategien hören. Bei monokulturellen Gruppen kannst Du auf der Skala ablesen, wie ihre Präferenz aussieht, und kannst Deine Präsentation darauf abstimmen. Bei divers zusammengesetzten Zuhörenden liegt der Schlüssel in der Mischung. So wirst Du vielleicht nicht die ganze Zeit die Aufmerksamkeit aller Zuhörenden haben, aber Du wirst wenigstens nicht durch einen einseitigen Ansatz eine Gruppe komplett verlieren. Gib also viele konkrete Beispiele und sei gleichzeitig auf Fragen zu Deiner Methodik vorbereitet.

✓ **Bei ganzheitlich orientierten Gruppen: Vermittele den Gesamtzusammenhang!**
Fasse nicht gleich auf der ersten Folie die Kernaussagen zusammen. Zeige erst den komplexeren Zusammenhang auf und mache deutlich, wie die unterschiedlichen Bestandteile zusammengehören.

✓ **Als Führungskraft multikultureller Teams: Mache diese Unterschiede bewusst!**
Zusammenarbeit und Entscheidungsfindung in multikulturellen Teams sind manchmal ein mühsamer Prozess, der Zeit braucht. Meistens sind sich Teammitglieder ihrer Denk- und Handlungsmuster nicht bewusst, reagieren aber ablehnend auf Muster ihrer Kollegen, die ihnen selbst fremd sind. Das ist normal. Als Führungskraft bist Du hilfreich, wenn Du die Skala ÜBERZEUGEN mit Deinen Teammitgliedern besprichst. Hilf ihnen zu verstehen, wo sie und wo die anderen sich auf der Skala befinden. Das schafft Verständnis für die jeweils andere Herangehensweise. Besprecht einen Weg, der für Euch als Team funktionieren kann und einigt Euch auf diesen Ansatz in Eurer Zusammenarbeit.

 **ZOOM**

SCARF – AUTONOMIE & CHARISMA

In meiner Schilderung zum Vortrag in Barcelona ist deutlich geworden, wie sehr mich die Vorgaben des Strategieteams eingeengt hatten. In ihrem Bedürfnis, das Ergebnis meines Vortrages zu kontrollieren, hatten sie Inhalte nach ihren Vorstellungen in meine Präsentation gebaut. Dadurch war mir das Gesamtergebnis fremd, ich konnte mich schlecht identifizieren. Ich fühlte mich unwohl und der Aufgabe kaum gewachsen. Mein Vortrag wäre nicht überzeugend gewesen, er wäre ungehört verhallt.

In dem Moment war es zwar alles andere als angenehm: Aber zum Glück war ich durch die heftige Abfuhr der einen Managerin beim Sektempfang in meiner Grundnervosität zusätzlich alarmiert und damit offen für Sarahs Appell beim Dinner, möglichst konkret und praxisbezogen vorzugehen. Das Blatt ließ sich noch wenden, auch wenn ich in der Nacht kein Auge zugemacht habe.

In meiner Beratung erlebe ich ständig Vorgesetze, die ihren Mitarbeitenden Inhalte in die Feder diktieren und enge Vorgaben machen. Häufig sind sie selbst mit dieser Situation nicht zufrieden, denn es kostet sie Zeit und sie haben das Gefühl, alles selbst machen zu müssen. Vielleicht erkennst Du Dich als Führungskraft wieder? Mitarbeitende sind ebenfalls nicht begeistert. Sie fühlen sich fremdbestimmt und haben das Gefühl, dass ihr Beitrag nicht viel wert ist. Bis sie schließlich keine Beiträge mehr liefern. Dann wird es richtig anstrengend für Dich als Führungskraft. Dein Team ist nicht mehr motiviert, gegenseitiges Vertrauen fehlt, die Laune ist im Keller, es wird nichts Einfallsreiches mehr produziert. Kommt Dir das bekannt vor? Das ist ein Teufelskreis, aus dem es nur einen Ausweg gibt: Hör auf, Dich intensiv einzumischen. Mikromanagement bewirkt das Gegenteil von Entfaltung. Keine Entfaltung bedeutet: keine Motivation. Keine Motivation bedeutet: innere oder faktische Kündigung. Das willst Du nicht.

WHAT MICROMANAGERS THINK THEY DO

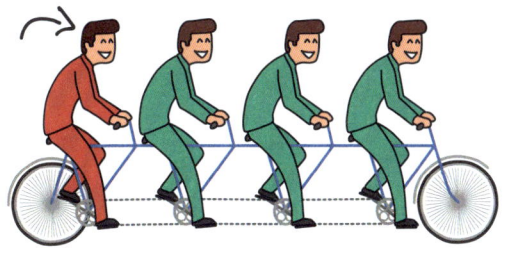

WHAT THEY REALLY DO

Der Mensch ist ein autonomes Wesen, von Geburt an. Schon Kleinkinder möchten ihren Brei allein löffeln. Sieh zu, dass Du Gestaltungsspielräume schaffst, so dass die Mitglieder Deines Teams ihre Arbeit frei gestalten können und hohe Entscheidungsspielräume haben. Wahlfreiheiten stärken das Gefühl von Autonomie, wirken sich positiv aus und werden aus Sicht des Gehirns als Belohnung bewertet. Zu viele Vorgaben hingegen schränken den Gestaltungsspielraum Deiner Teammitglieder ein und werden als Bedrohung wahrgenommen. Das löst Abwehr aus. Abwehr gegen Dich, die Du zu spüren bekommen wirst. Vertraue also auf die Fähigkeiten Deines Teams, eine Aufgabe zu lösen und Ideen, Hürden, Ansätze mit anderen zu besprechen. Sollten ihnen zentrale Kompetenzen dazu fehlen, investierst Du in ihre Weiterbildung. Es werden Fehler passieren und das ist gut so. Fehler sind nicht nur unvermeidlich, sondern sie gehören zum Lernprozess dazu. Freue Dich über jeden aufschlussreichen Fehler, denn nur so könnt Ihr im Team wertvolle Erkenntnisse für die Zukunft ableiten.[5]

Wir haben in diesem Kapitel gesehen, wie wir die Aufmerksamkeit unseres Auditoriums durch einen theorie- oder praxisbezogenen Einstieg auf unsere Inhalte lenken können. Und wir haben uns bewusst gemacht, wie wichtig eigener Gestaltungsspielraum ist, wenn wir überzeugend auftreten wollen. Nur, wenn wir ganz und gar hinter dem Ergebnis stehen, das wir präsentieren werden, entfalten wir eine mitreißende Ausstrahlung.

Aber Achtung, das sagt sich so leicht. Gestaltungsspielraum bestmöglich für ein fulminantes Ergebnis zu nutzen, kann eine sehr herausfordernde Angelegenheit sein. Je weniger Vorgaben, desto anspruchsvoller – je mehr Freiheit in der Ausführung, desto verantwortungsvoller. Denn: Das Ergebnis, das Du ablieferst, wird ganz und gar Dir, Deiner Kompetenz, Deiner Performance, Deinem Einfallsreichtum zugeschrieben. Ich möchte Dir an einem Beispiel zeigen, welche weiteren Faktoren für einen überzeugenden Auftritt entscheidend sind. Die wenigsten Menschen kennen diese Faktoren und setzen sie bewusst ein. Die Wirkung aber, die von ihnen ausgeht, ist kulturunabhängig und funktioniert universell.

Folgende Geschichte soll helfen, diesen Zusammenhang zu verstehen.

Eine meiner reizvollsten Anfragen in Sachen Autonomie und Performance kam aus Österreich. Ein österreichischer Kosmetikkonzern suchte eine Speakerin für die Hauptbühne seines internationalen Jahreskongresses mit einigen Tausend Gästen. Im Abstimmungscall gab es vage inhaltliche Vorstellungen – irgendwas mit Charisma – und eine sehr klare Erwartungshaltung: Reiß uns vom Hocker! Konkreter wurde es nicht, das waren die Leitplanken.

Ich sagte den Auftrag zu, bat um ein Probeset von Produkten, um mich einfühlen zu können und gründete eine Peergroup mit anderen Frauen, die sowohl die durchschnittliche Klientel als auch den Querschnitt der Mitarbeiterinnen im Konzern abbildeten. Gemeinsam überlegten wir. Als Gäste auf dem Jahreskongress, der Vortrag zum Thema Charisma ist in lauten Lettern angekündigt – was würde uns abholen? Was würde uns überzeugen? Es entstand der Gedanke, anhand eines konkreten Beispiels die spezifischen Elemente von Charisma erlebbar zu machen. Und das war die Geschichte, die ich dem Auditorium auf dem Kongress präsentierte:

»Als ich vor vielen Jahren meine Coachingausbildung absolvierte, durchlief ich unterschiedliche Module mit verschiedenen Trainern.

Meistens handelte es sich um Wochenendseminare und ich übernachtete bei einer Kurskollegin. Wir waren ungefähr auf der Hälfte der Ausbildung, als ein Dozent in der Dynamik meines Lebens plötzlich die Stopp-Taste drückte. Ich erinnere mich an diesen Morgen zu Beginn eines neuen Moduls, als wir bereits alle in den Räumlichkeiten zusammengekommen waren, uns begrüßten und zwischen Kaffee und Keksen langsam in die Welt des systemischen Coachings eintauchten. Eine Tür schlug zu, der Dozent betrat den Raum. Wir sahen ihn an, beendeten das Gespräch und setzen uns. Kennst Du das? Es gibt Leute, die *erscheinen*. Wenn sie den Raum betreten, hören die anderen auf zu sprechen und sind von einem Moment auf den anderen vollkommen aufmerksam.

Der Dozent stellte sich kurz vor, ein schlanker Mann um die 40, dunkle, leicht lockige Haare, in seiner Sprache ein leiser Akzent, kaum wahrnehmbar. Er führte uns in sein Thema ein, gab uns den theoretischen Input, den wir zum Arbeiten und Üben brauchten, teilte uns in Kleingruppen auf und reflektierte Erkenntnisse gemeinsam mit uns im Plenum.

Manchmal, nachdem ich die Gruppendiskussion mit einem Beitrag ergänzt hatte, hielt er inne, überlegte, sah mir in die Augen und sagte: »Melanie, das ist ja ein spannender Gedanke.« Und machte eine Pause. Ich war etwas verlegen, ziemlich geschmeichelt – und dachte: Ach, echt? Wenn wir Übungen in Kleingruppen machten und er sich dazustellte, um zu beobachten oder zu unterstützen, hakte er nach:

»Melanie, was macht das denn mit DIR? Wie wirkt das denn auf DICH?«

Das ging mir, ehrlich gesagt, unter die Haut. Nun ist es sicher auch leichter, im Rahmen einer Coaching Ausbildung persönliche Fragen zu stellen als in einer Fortbildung für Steuerrecht. Ich war fasziniert. Wenn ich mich in der Kleingruppe nach ihm umsah, weil wir seine Einschätzung oder seine Hilfe brauchten, und ich mit meinen Augen im Raum nach ihm suchte und ihn schließlich fand: ruhten seine Augen schon auf mir. Ich war wie elektrisiert. Was für ein Typ!!

Abends saß ich mit der Kurskollegin im Auto und wir fuhren zu ihr nach Hause. Jede von uns hing ihren Gedanken nach. Aber mein Herz klopfte schneller. Ich wollte diese Faszination nicht unerwähnt lassen und sagte deswegen vorsichtig:

»Der Dozent war ja bemerkenswert.«

»Ja«, sagte sie, froh, dass das Thema endlich zur Sprache kam. Sie lachte.

»Hast Du das auch gemerkt? Wie der mich angeguckt hat? Und wie er auf meine Beiträge reagiert hat?? Ich glaube, der steht auf mich. Morgen gebe ich ihm meine Nummer!«

Ich war geschockt! Geschockt darüber, dass die Exklusivität der gezielten Aufmerksamkeit, die ich empfunden hatte, sich doch nicht nur auf mich bezogen hatte.«

Ich stand vor mehreren Tausend Gästen auf dem Jahreskongress und das – überwiegend weibliche – Publikum litt mit mir. So viele von uns und vielleicht auch Du haben schon die Erfahrung gemacht, besondere Aufmerksamkeit falsch verstanden zu haben. Sich angesprochen zu fühlen und sich in wilder Fantasie vielleicht mehr vorstellen zu können, als jemals gemeint war. Und gleichzeitig ist es genau das, was den Magnetismus von Charisma ausmacht. Wir sind verzaubert, angezogen. Wir fühlen uns angesprochen, berührt, hingezogen. Der Funke springt über. Es passiert etwas und das ist intensiv.

»Wollt Ihr das auch können? Andere überzeugen und begeistern? Verzaubern??« fragte ich in die große Menge. Offenbar! Das Publikum schob eine Welle der Energie zu mir zurück auf die Bühne. Ein Gänsehautmoment, wenn das Tausende von Menschen tun.

Charisma – ein großes Wort. Anders als viele glauben, ist es konkret erlernbar. Es gibt zwar Naturtalente, aber es ist ebenso eine Technik wie eine Frage der inneren Haltung.

Charisma besteht aus den drei Kernelementen Power, Präsenz und Wärme.[6]

Ich zeige Dir jetzt drei einfache Übungen, die Du jederzeit durchführen kannst. Kleb Dir ruhig einen Zettel ans Laptop, damit Du die Übungen immer vor Augen hast. So kannst Du sie nach und nach in jede Deiner Alltagssituationen im Job übertragen.

POWER – DEINE MIT ENERGIE AUFGELADENE KOMPETENZ

Bei dieser Übung geht es um Deine Körpersprache.

Mit folgender Körpersprache verleihst Du Deinen Sätzen mehr Wirkung:

- ✓ Stell Dich aufrecht hin.
- ✓ Halte Deine Arme in einem lockeren rechten Winkel zum Oberkörper.
- ✓ Nimm die Schultern nach hinten.
- ✓ Stehe stabil auf Deinen Beinen, hüftbreit auseinander.
- ✓ Der Kopf ist aufrecht, das Kinn zeigt weder nach oben noch nach unten.
- ✓ Atme langsam und tief durch den Bauch ein und aus – nicht durch den Brustkorb. Diese tiefe Atmung ermöglicht Dir, zur Ruhe zu kommen, erst recht, wenn Du deutlich länger ausatmest als einatmest (4-7-8-Atmung: 4 Sekunden durch die Nase einatmen, 7 Sekunden halten, 8 Sekunden durch die Nase ausatmen).
- ✓ Sag jetzt in dieser Haltung mit entspannter Stimme und freundlichem Ausdruck in den Augen – die Arme kannst Du beim Sprechen leicht mitnehmen – diese oder ähnliche Sätze mit Betonung: Ich **freue** mich, Dich zu sehen / Die Herausforderung werden wir **folgendermaßen** angehen / Das ist ein sehr **vielversprechender** Ansatz!
- ✓ Spürst Du das? So versprühst Du Energie, Kompetenz und Zuversicht.

PRÄSENZ – SCHENKE UNGETEILTE AUFMERKSAMKEIT

Präsenz stellst Du unter anderem durch freundlichen Augenkontakt her. »Freundlich« bedeutet 3-5 Sekunden konstant, aber nicht starr und fixierend, dafür mit einem inneren Lächeln.

- ✓ Ungeteilte Aufmerksamkeit ist in unserer ablenkungsintensiven Zeit selten und etwas Besonderes.
- ✓ Stimme Dich auf eine Gesprächssituation kurz vorher ein und atme bewusst langsam ein und aus.
- ✓ Schau Deinem Gesprächspartner während des Gesprächs aufmerksam und mit einem Lächeln in die Augen. Bei 3-5 Sekunden Augenkontakt fühlen sich Menschen explizit angesprochen und wahrgenommen – auch im Rahmen einer größeren Gruppe.
- ✓ Du wirst in den Augen Deines Gegenübers etwas finden, das Dir die andere Person mit Worten gar nicht mitteilen muss: Stimmungen, Empfindungen, vielleicht auch Gedanken.

✓ Ist Dir bewusst, wie viele Informationen über unsere Augen ablesbar sind?

✓ Dies ist der Grund, weswegen langer und konstanter Augenkontakt im asiatischen Kulturraum nicht angemessen ist. Er widerspricht dem Konzept der Gesichtswahrung (*face saving*): Die andere Person muss vor sich selbst geschützt werden. Denn in ihrem Augenausdruck würde sie unfreiwillig Informationen preisgeben, die sie eventuell zurückhalten, aber nicht unterdrücken kann.

✓ Im sogenannten westlichen Kulturraum ist Augenkontakt hingegen sehr erwünscht: Dadurch drücken wir Interesse, Aufmerksamkeit und Wertschätzung aus: Bitte achtsam anwenden!

WÄRME – DEIN AUFRICHTIGES INTERESSE AM GEGENÜBER

Ein wichtiges Instrument, mit dem Du wertschätzende Wärme ausdrücken kannst, ist Deine Stimme. Es gibt Stimmen, denen wir stundenlang zuhören können. Meist nutzen sie den ganzen Resonanzraum ihres Körpers, klingen eher tief und ruhig.

✓ Lege eine Hand auf Deinen Bauch und atme ruhig in den Bauch ein und aus, so dass er sich sichtbar nach vorne wölbt. Nicht flach in die Brust, sondern tief in den Bauch.

✓ Jetzt lege die Hand auf das Brustbein und lass ein Summen erklingen. Mmmmmmmmh. Spürst Du die Vibration am Brustbein?

✓ Ein Bild im Kopf verstärkt diesen Prozess. Magst Du Schokolade? Wenn ja, stelle sie Dir großformatig vor. Und sag jetzt: Mmmmmm, yam yam. SCHOKOLAAAAAADE. Mit lang gezogenem AAA .... Schön tief gelegt in der Stimmlage. Vibriert ganz schön, oder? Jetzt hat Deine Stimme schon einen wirkungsvollen Klang.

✓ Übertrage diesen Klang Deiner Stimme auf Deine Gespräche.
Ahh, interessant, was Du sagst.
Oh, schön, was Du entworfen hast!
Wow, gut durchdacht, Dein neuer Ansatz!
Du wirst sehen, der tiefe, schwingende Klang Deiner Stimme wird seine Wirkung auf Dein Gegenüber entfalten!

ZOOM HACKS

Du hast im letzten Kapitel gesehen, wie wichtig Freiräume und Charisma-Techniken für einen überzeugenden Auftritt sind. Gestaltungsspielräume erhöhen Motivation und Engagement. Du bist innerlich viel aktiver beteiligt. Das macht Dich kreativer und einfallsreicher. Durch charismatische Elemente in Deiner Kommunikation wirkst Du mitreißend in Deiner Botschaft. Für Dich als Führungskraft ist Charisma besonders hilfreich, da andere Menschen gern mit Dir zusammenarbeiten, Deinen Rat einholen, Dir vertrauen und von Dir geführt werden wollen. Folgende Tipps helfen Dir bei der Umsetzung.

✓ **Gib Wahlmöglichkeiten:**
Du selbst und Deine Teammitglieder wollen Aufgaben gern und mit Engagement erledigen. Gestaltungsspielräume sind Voraussetzung für eine vertrauensvolle Teamkultur und einen wertschätzenden Umgang, dadurch steigt die Arbeitszufriedenheit. Sorge als Führungskraft dafür, dass Du Freiräume schaffst, auf welche Weise eine Aufgabenstellung gelöst werden soll.

✓ **Sorge für eine gesunde Fehler- und Lernkultur:**
Fehler sind eine notwendige Voraussetzung für Erkenntnisgewinn. Den größten Fehler, den man machen kann, ist Fehler vermeiden zu wollen. Als Führungskraft achtest Du mit Deinem Team auf eine klare Kommunikation und eine offene, innere Haltung, damit Ihr Euch als Team weiterentwickeln und wachsen könnt. *Failure* oder *Fuck-up Nights* sind dazu eine beliebte Gelegenheit. Hier werden in gutgelaunter Atmosphäre Fehler vor einem größeren Publikum transparent gemacht, um als Organisation daraus zu lernen.

✓ **Power: Bring Deine Kompetenz auf den Punkt:**
Körpersprachlich vermittelst Du energievolle Kompetenz durch eine gewisse Körperspannung, zum Beispiel in einer angewinkelten Armhaltung, die Dich jederzeit präzise gestikulieren lässt. Sprachlich achtest Du darauf, Dich kurz zu fassen und konkret zu bleiben. Hilfreiche Sätze für die innere Haltung sind: Ich habe Lust, hier zu sein. Ich habe etwas zu sagen, das für Dich nützlich ist. Und: Mir ist klar, dass ich zu DIR spreche.

✓ **Präsenz: Schenke Deinem Gegenüber ungeteilte Aufmerksamkeit:**
Mit freundlichem Augenkontakt stellst Du einen achtsamen Kontakt zu Deinem Gesprächspartner her. Menschen fühlen sich bei 3-5 Sekunden Augenkontakt explizit wahrgenommen. Präsenz bedeutet auch, dass Du mit Dir selbst im Gleichgewicht bist, eine ruhige Atmung hast, Dich innerlich ganz auf den anderen einstellen kannst. Nichts lenkt Dich ab – weder ein Telefon, das klingelt, noch ein Gedanke, der stört oder ein körperliches Bedürfnis, das Du zu unterdrücken versuchst.

✓ **Wärme: Zeig aufrichtiges Interesse an Deinem Gesprächspartner:**
Auch in diesem Punkt geht die entscheidende Ausstrahlung von Deiner inneren Haltung aus. Folgende Einstellung hilft Dir: Ich interessiere mich für Dich. Ich bin Dir gegenüber wohlwollend eingestellt. Ich bin voller Wertschätzung und Anteilnahme für Dich. Du kannst diese Haltung auf die Klangfärbung Deiner Stimme übertragen und Du wirst beeindruckt sein, welche Wirkung Du auslöst.

✓ **Charisma heißt: Lass den anderen strahlen:**
Halte Dich zurück, stelle andere nach vorne, höre zu und bleibe bescheiden. Diese Verhaltensweise in Kombina-

tion mit Deiner fundierten Kompetenz, die Du gezielt mit sonorer Stimme auf den Punkt bringst, und dem aufmerksamen Interesse an Deinem Gegenüber verleihen Dir eine charismatische Ausstrahlung. Die Gespräche, in denen Du anderen Chance und Würdigung für ihren Beitrag zukommen lässt, werden lange und positiv in Erinnerung bleiben.

 ZUSAMMENFASSUNG

In diesem Kapitel geht es um Überzeugen, Gestaltungsspielräume und Charisma.

Wenn Du Menschen überzeugen möchtest, schaust Du Dir Dein Publikum sehr genau an. Welche Kulturen sitzen im Raum? Über praktische Beispiele freuen sich alle Zuhörenden, aber manche brauchen zuerst den Blick aufs theoretische Fundament, damit sie Deinem Ergebnis folgen können. Andere wollen vor allem durch reale Beispiele verstehen, was das Thema mit ihnen und ihrer Arbeit zu tun hat – für sie spielen die Parameter Deiner Analyse eine untergeordnete Rolle. Wenn Deine Zielgruppe aus unterschiedlichen Kulturen kommt, wählst Du in Deinem Vortrag eine lebendige Mischung aus Theorie und Praxis.

Ein überzeugender Auftritt und Gestaltungsspielräume in der Aufbereitung der Inhalte hängen sehr eng miteinander zusammen. Das gilt für Dich als Führungskraft und für Deine Teammitglieder. Die Möglichkeit, Dinge gestalten zu können, ist ausschlaggebend für Motivation, Wachstum und Entfaltung. Je größer der Gestaltungsspielraum, desto höher die Identifikation mit dem Endergebnis, für das die Person verantwortlich ist.

Besonders nachhaltige Wirkung auf Dein Publikum erzielst Du durch eine charismatische Ausstrahlung. Die Faktoren Power, Präsenz und Wärme entscheiden darüber, ob Deine Botschaft in Erinnerung bleibt oder nicht. Die Wirkung dieser drei Elemente ist universell und damit völlig unabhängig von der jeweiligen Kultur der Zielgruppe.

II.4 VERTRAUEN

Silke ist seit einigen Jahren erfahrene Managerin im Finanzsektor. Von Deutschland aus führt sie als *Tribe Lead* ein großes interkulturelles Team im Produktbereich Applikationen, das in einzelne *Squads* unterteilt ist. Als *Tribe Lead* verantwortet sie die Gesamtausrichtung ihrer Einheit und berichtet an die Ebene unter dem Vorstand. Die Entwicklung einer spezifischen IT-Applikation für einen großen Kunden startete im Sommer. Eine finale Frist für das folgende Frühjahr ist vereinbart. Bis dahin muss das Produkt getestet, geliefert und fehlerfrei funktionsfähig sein. Zentraler Ansprechpartner ist Deepak, ein IT-Spezialist aus Indien. In regelmäßigen Calls mit Silke bespricht das Team den neusten Stand, schildert Hürden, Herausforderungen und aktuelle Schwerpunkte. Nach einiger Zeit hat Silke das Gefühl, dass es in der Entwicklung der Anwendung mehr und mehr Schwierigkeiten gibt. Sie spricht Deepak darauf an, erhält aber nur ausweichende Antworten. Sie solle sich keine Sorgen machen, er hätte alles im Griff, es handele sich lediglich um ein paar Verzögerungen durch Testläufe. Schließlich schaltet sich ihre Kollegin Anja in das Projekt ein, da sie auf der Schnittstelle zur IT-Sicherheit die Anwendungsmodalitäten mit prüft. Nach kurzer Zeit bittet sie Silke um ein Gespräch.

»Wir werden die Deadline nicht halten können – sie ist schon in 6 Wochen. Ich habe mich mal dahintergeklemmt und versucht zu verstehen, an welcher Stelle genau dieses Projekt steht. Da hat einiges nicht funktioniert. Das möchtest Du gar nicht wissen. Wir können nicht liefern.«

Silke ist beunruhigt. Und ärgerlich auf sich selbst, dass sie ihrem Gefühl nicht nachgegangen ist und bei Deepak nicht stärker nachgehakt hat. Sie bittet ihn, ihr die anstehende Präsentation für den nächsten Kundentermin zu schicken. Er möchte das eigentlich nicht, da es seine Aufgabe sein wird zu präsentieren. Silke besteht darauf und arbeitet sich bis zu einem gewissen Grad in die inhaltlichen Details ein – genug, um festzustellen, dass die vereinbarte Frist nicht zu halten sein wird. Deepak widerspricht vehement. Er sieht noch Chancen, wenn sich alle richtig anstrengen. Silke spiegelt ihm, dass der Aufwand mit der aktuellen Besetzung in der Kürze der Zeit nicht zu meistern ist – Deepak hält dagegen, dass man auch die Extrameile gehen könne, um das Projektziel zu erreichen. Er ist Single und wäre bereit, sich in den nächsten Wochen rund um die Uhr mit dem Projekt zu befassen. Da Silke diesen Einsatz bei den anderen nicht voraussetzen kann und er für Teilzeitkräfte oder Familienmenschen ohnehin kaum zu leisten wäre, schiebt sie einen Riegel vor. Als Deepak kurz vor dem nächsten Kundentermin bei ihr im Büro steht, wird die Diskussion lebhaft und laut. Silke macht deutlich: Sie als verantwortliche Führungskraft entscheidet, dem Kunden mitzuteilen, dass die Frist nicht eingehalten werden kann. Sie erwartet, dass Deepak als IT-Lead die Präsentation hält, da er tiefer im Thema steckt als sie. Deepak weigert sich, weil er die Lage anders einschätzt. Eine solche Botschaft wird er vor dem Kunden nicht vertreten. Silke gibt nicht nach. Der Termin mit dem Kunden ist eine Stunde später.

»Du kannst allein mit dem Kunden sprechen. Ich werde bei der Präsentation nicht dabei sein!« Deepak kommt an seine Grenzen. »Ich werde das Gebäude verlassen und draußen herumlaufen.«

»Ich werde die Präsentation übernehmen, wenn Du absolut nicht dazu bereit bist«, sagt Silke zähneknirschend, »aber Du wirst auf jeden Fall bei dem Termin anwesend sein. Wer sonst soll die Fragen des Kunden beantworten. Das erwarte ich von Dir, und das diskutiere ich auch nicht mit Dir. Wenn Du in einer dreiviertel Stunde nicht wieder in meinem Office bist, lasse ich Dich suchen.« Deepak verlässt den Raum, und Silke ist schweißgebadet.

Eine dreiviertel Stunde später ist Deepak zurück. Silke hat sich inzwischen auf die Präsentation vorbereitet und betritt mit ihm zusammen den Konferenzraum. Der Kunde wartet schon. Zu ihrer Überraschung läuft der Termin gut. Sie gibt einen Überblick über den Projektstand, aufgetretene Hürden und Gründe für Verzögerungen. Fragen werden gestellt, die Deepak beantwortet. Der Kunde hat Verständnis und bleibt entspannt. Inhaltliche Anpassungen werden besprochen, eine neue Frist wird vereinbart. Nun ist sich Silke sicher, dass das Team bis zum Ablauf der neuen Frist die Anforderungen an die Applikation erfüllen kann.

Als das Meeting vorbei ist, spürt sie die Anstrengung. Es ist zwar alles gut gelaufen, aber die letzten Tage haben viel Kraft gekostet.

Kurze Zeit später sucht Silke für ein neues Thema einen neuen Verantwortlichen. Sie kommuniziert die Aufgabe in den *Tribe*, damit sich diejenigen melden, die fachlich und zeitlich über Kapazitäten verfügen. Deepak meldet sich.

»Oh nein«, denkt Silke, »Dich wähle ich dafür bestimmt nicht aus. Dafür hat mein Vertrauen zu sehr gelitten.«

Wäre es Dir auch so ergangen?

Lass uns dazu einen Blick auf Meyers Dimension VERTRAUEN werfen.[1]

Auf der einen Seite der Skala siehst Du die USA, einige nordische Kulturen inklusive Deutschland sowie Australien und Großbritannien. In diesen Kulturen wird Vertrauen am Arbeitsplatz hauptsächlich auf der Ebene von Aktivitäten aufgebaut, die mit der Arbeit in Verbindung stehen. Wenn Du weißt, dass jemand gewissenhaft und verlässlich arbeitet – also eine gute Qualität abliefert, mitdenkt, Fristen einhält, mündlich und schriftlich klar kommuniziert, intelligent, transparent und angenehm auftritt – dann ist die Chance groß, dass Du im nächsten Projekt zu einer Zusammenarbeit bereit bist. Grundsätzlich hast Du Vertrauen in die Person. In solchen aufgabenorientierten Kulturen liegt der Fokus auf Funktionalität und Praktikabilität. Sobald Dir jemand für Deine Zwecke nicht mehr dienlich ist, schaust Du Dich um und gehst weiter.

Auf der anderen Seite der Skala liegen die BRIC(S)-Staaten (Brasilien, Russland, Indien, China; Südafrika u. a. sind nicht abgebildet), die Vertrauen am Arbeitsplatz auf gute persönliche Beziehungen gründen. Während die Kulturen der BRIC-Staaten ebenso wie andere Kulturen der südlichen Hemisphäre zunehmend wirtschaftlich und politisch an Einfluss auf der Welt gewinnen, reift auch in globalen Teams die Erkenntnis, wie wichtig diese persönlichen Beziehungen im Geschäftsleben sind – und dass sie sich nicht über Nacht aufbauen, sondern Zeit brauchen, um zu reifen.

Sobald eine solche vertrauensvolle Beziehung zwischen zwei Menschen im Geschäftsleben etabliert ist, wird sie nicht so schnell fallengelassen. Das kann bedeuten: Als Chef in China entlässt Du jemanden aus Deinem Vertriebsteam und dessen langjähriger asiatischer Kunde wendet sich in der Folge ebenso von Dir ab. Oder einem sehr teamorientierten Vertriebschef, den Du entlassen hast, folgen einige Teamkollegen in das neue Arbeitsumfeld – und kehren Dir damit freiwillig den Rücken.

Der Blick auf die Skala erklärt Silkes Reaktion auf Deepak und umgekehrt. Auch aus Deepaks Sicht war die Erfahrung mit Silke herausfordernd. Sie waren fachlich unterschiedlicher Auffassung und konnten sich nur mit Mühe auf ein gemeinsames Vorgehen beim Kunden einigen.

II.4 VERTRAUEN

USA Dänemark Deutschland Großbritannien Polen   Frankreich Italien   Ukraine Marokko
Niederlande Finnland   Spanien   Mexiko Brasilien Saudi-Arabien
Australien   Österreich   Russland Thailand Indien
                                                                                                        Japan   Türkei   China Nigeria

Aufgabenbasiert   **Beziehungsbasiert**

Aufgabenbasiert: Vertrauen entsteht durch Aktivitäten, die mit der Arbeit in Verbindung stehen. Arbeits-Beziehungen entstehen und enden leicht, je nach praktischer Situation. »Sie liefern stets gute Arbeit, Sie sind zuverlässig, ich arbeite gern mit Ihnen zusammen, ich vertraue Ihnen.«

Beziehungsbasiert: Vertrauen entsteht durch gemeinsame Mahlzeiten, Drinks am Abend, Treffen an der Kaffeemaschine. Arbeits-Beziehungen entwickeln sich langsam über die Zeit. »Ich kenne Sie sehr gut, habe persönliche Zeit mit Ihnen verbracht, kenne andere gut, die Ihnen vertrauen, ich vertraue Ihnen.«

Abbildung 6: Entstehung von Vertrauen

Quelle: Erin Meyer, Die Culture Map (2018)

Aber das stellte aus seiner Sicht nicht ihr grundsätzlich gutes Arbeits-verhältnis in Frage. Für Silke jedoch war die Erfahrung mit Deepak eine Lehre. Sie hatte ihn in diesem Projekt als unzuverlässig, unklar und unprofessionell wahrgenommen. Der Termin vor dem Kunden war Stress pur – das wollte sie sich nicht noch einmal antun. Sie muss sich schließlich ihre Energie gut einteilen.

Nachdem Silke mir diese Geschichte erzählt hat, schweigt sie einen Moment.

»Eigentlich kann ich es nicht so stehen lassen«, überlegt sie. »Ich muss noch einmal mit ihm reden. Auch wenn wir beide mit Überzeugung unsere Positionen vertreten, ist es wichtig, dass wir die Perspektive des anderen besser verstehen. Wir werden ja auch zukünftig miteinander zu tun haben. Dafür brauchen wir ein unbelastetes Arbeitsverhältnis. Sonst trübt uns diese Auseinandersetzung den klaren Blick.«

Sie hat recht. Auch wenn es nicht angenehm ist, Spannungen aufzu-arbeiten und schwierige Gespräche zu führen: Die Mühe lohnt sich. Als Führungskraft reifst Du daran. Und Dein Teammitglied hat ebenfalls die Chance zu wachsen.

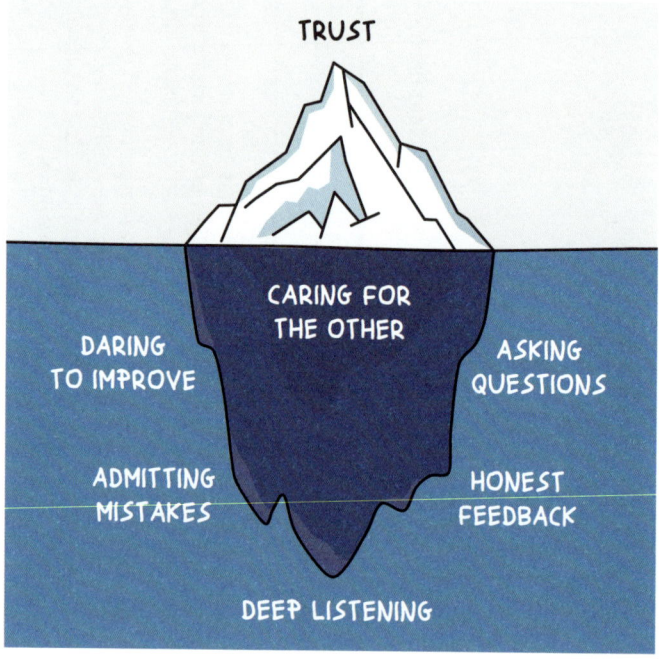

DEIN TRANSFER IN DIE PRAXIS

NEHME DIE PERSPEKTIVE DEINES GEGENÜBERS EIN

Persönliche Beziehungen zu den Menschen, mit denen Du arbeitest, sind in jeder Kultur hilfreich. Denn auch in einem beruflichen Umfeld sind wir in erster Linie Menschen und damit soziale Wesen, die sich gegenseitig kennen möchten – auch, um die anderen einschätzen zu können. Je nach Kultur ist der Stellenwert persönlicher Beziehungen im Arbeitsumfeld allerdings unterschiedlich. Lass uns anschauen, wie Du als Führungskraft diesen verschiedenartigen Herausforderungen gerecht wirst.

Wenn Du mit Menschen aus aufgabenorientierten Kulturen arbeitest:

✓ **Suche das persönliche Gespräch, aber erzwinge es nicht:**
Manchen Menschen genügt eine sachliche Arbeitsatmosphäre für die Zusammenarbeit. Berufliches und Privates trennen sie. Wenn sie nicht freiwillig erzählen, was sie am Wochenende, im Urlaub oder bei der Ausübung ihres Hobbys erlebt haben: Frag sie auch nicht danach. Sie werden vermutlich keine Lust haben, darüber zu sprechen.

✓ **Beschränke den Smalltalk zu Beginn eines Meetings auf ein Minimum:**
Check-in-Runden bei Meetings werden nicht von jedem geschätzt. Die investierten Minuten können in aufgabenorientierten Kulturen leicht als Zeitverschwendung gewertet werden. Falls Du Dir nicht sicher bist: Mache Dir bewusst, was Du wahrnimmst, oder frage die anderen direkt: Sie werden Dir sagen können, ob Smalltalk zum Aufwärmen für sie in Ordnung ist oder nicht.

✓ **Halte gemeinsame Mahlzeiten eher kurz:**
Menschen in aufgabenorientierten Kulturen wissen es zu schätzen, wenn man achtsam mit ihrer Zeit umgeht. Halte Dich daher bei gemeinsamen Mittagessen oder Verabredungen nach der Ar-

beit lieber kurz. Mit einer positiven Resonanz auf diesen knappen Stil ist keine Ablehnung Deiner Person verbunden.

Wenn Du mit Menschen aus beziehungsorientierten Kulturen arbeitest:

✓ **Investiere in persönliche Beziehungen – bevor Du sie brauchst:**
In beziehungsorientierten Kulturen sind Verbindungen zwischen Menschen die Basis für jegliches Business. Es ist zu jedem Zeitpunkt ratsam, Dir dafür Zeit zu nehmen – auch lange, bevor Du weißt, wozu es Dir eines Tages konkret nützen kann. Aufrichtiges Interesse an der anderen Person und ihrer Familie, während Du gleichzeitig auch Einblicke in Deine private Situation gewährst, stellt eine erste Basis dar, die sich ausbauen lässt.

✓ **Suche nach gemeinsamen Interessen:**
Meistens lässt sich etwas finden, das beide interessiert: Musik, Kultur, Vorlieben, Hobbies – was auch immer es ist. Versuche es herauszufinden. Dann hast Du es sehr viel leichter, eine gute Grundlage aufzubauen.

✓ **Geschäftsessen sind Dein Ticket:**
In beziehungsorientierten Kulturen sind gemeinsame ausgedehnte Essen oder Drinks die wahre Währung im Wert der Zusammenarbeit. So lernt man sich kennen, auch von einer weniger beruflichen Seite – erst recht, wenn Alkohol im Spiel ist, wie in vielen Kulturen üblich. Die Grenzen von Kontrolle, Zurückhaltung und Beherrschung können herausgefordert werden, um den echten Menschen hinter der Fassade kennenzulernen. Erst dann entsteht Vertrauen.

✓ **Wähle den richtigen Kommunikationskanal:**
In der Kommunikation über geografische Distanzen hinweg ist das gesprochene Wort mehr wert als das geschriebene. Ruf lieber an, bevor Du eine E-Mail schreibst. So kannst Du auch eventuelle Missverständnisse schneller aufklären. Sobald sich allerdings

die Beziehung gefestigt hat und Du Dein Gegenüber besser einschätzen kannst, lässt sich die Kommunikation auch auf einen schriftlichen Kanal verlegen, wenn es sein muss.

✓ **Starte Meetings mit freundlichem Smalltalk:**
In beziehungsorientierten Kulturen gilt es als ausgesprochen roh und unhöflich, gleich mit der Tür ins Haus zu fallen und über Geschäftliches zu sprechen. Mache Dir das bewusst, nimm Dir dafür explizit Zeit und lass Dich entspannt darauf ein – es lohnt sich.

✓ **Zeig Dein Gesicht und sag »Hallo«:**
Wenn Du auf Business-Reisen an Standorten bist, an denen Kollegen aus beziehungsorientierten Kulturen arbeiten, nimm Dir einen Moment Zeit, steck Deinen Kopf zur Tür herein und sage »Hallo«. Komm auch gern kurz in deren Büro, nimm Platz, erzähl selbst etwas von Dir und frag nach ihnen. Das ist wichtig, denn es gibt ihnen das Gefühl von Wertschätzung. Jeder möchte sich gesehen und gehört fühlen.

SCARF – VERBUNDENHEIT (RELATEDNESS)

Wir haben in der Geschichte zum Thema Vertrauen gesehen, dass Vertrauen am Arbeitsplatz auf ganz unterschiedlichen Werten basieren kann. In aufgabenorientierten Kulturen ist eine fachlich fundierte und zuverlässige Arbeitsweise entscheidend für die Vertrauensbildung. In beziehungsorientierten Kulturen ist das ehrliche, menschliche Miteinander maßgebend für vertrauensvolle Zusammenarbeit. Doch trotz aller Unterschiede gilt: Eine persönliche gute Beziehung untereinander erleichtert unabhängig von unserer jeweiligen kulturellen Prägung unsere berufliche Tätigkeit.

Denn: Wie oben beschrieben – einerlei, in welchem Kontext wir uns befinden, wir verhalten uns in erster Linie als Menschen, privat wie beruflich. Erst in zweiter Linie erfüllen wir unsere Rollen als Teammitglieder oder Führungskräfte am Arbeitsplatz.

Als Menschen haben wir ein starkes Bedürfnis nach sozialer Verbundenheit, Zugehörigkeit zu einer Gruppe, einem Team oder einer Aufgabe. Die Forschung zeigt, dass dieses menschliche Grundbedürfnis nach Zugehörigkeit genau so stark ist wie die physische Notwendigkeit zu essen und zu trinken. Von sozialer Zugehörigkeit hängen unser körperliches und seelisches Wohl sowie unsere Widerstandskraft ab, sie ist also fundamentaler Bestandteil unserer Gesundheit.[2]

Diese Tatsache überrascht Dich vielleicht: Bei aller Notwendigkeit, uns einer sozialen Gruppe zugehörig zu fühlen, sortiert unser Gehirn jedoch zunächst jeden Menschen, den wir nicht kennen, als Feind statt als Freund ein und wertet ihn als Bedrohung – so lange, bis wir vom Gegenteil überzeugt werden. Das bedeutet, sofern diese Person uns wichtig ist: Für gute Beziehungen untereinander müssen wir uns aktiv einsetzen, sie entwickeln sich nicht einfach von selbst. Gemeinsame Erlebnisse und übereinstimmende Ziele, also die Erfahrung, als Team an einem Strang zu ziehen, sind der Schlüssel für Verbundenheit und Zugehörigkeit. Damit schaffst Du eine solide Grundlage für vertrauensvolle Zusammenarbeit im Team.[3]

In der folgenden Geschichte erfährst Du, wie das konkret aussehen kann.

PICKNICK AM JARUN SEE

Als Diego relativ früh in seiner Laufbahn das Angebot bekam, den mitteleuropäischen Markt für einen globalen Konzern der Konsumgüterindustrie aufzubauen, reagierte er zunächst zurückhaltend. Er sollte die Region von Kroatien aus steuern. Als Mexikaner kannte er sich in Lateinamerika gut aus und hatte beruflich zahlreiche Regionen der Welt bereist, aber konkrete Berührungspunkte mit mitteleuropäischen Kulturen hatte er bislang nicht gehabt. Er stimmte schließlich zu, zog mit seiner Frau und seinen beiden kleinen Kindern nach Zagreb und fing an, ein mitteleuropäisches Team aufzubauen. Alles fühlte sich am Anfang neu und fremd an: Kroatisch war nicht leicht zu lernen, in Zagreb kannten sie niemanden, auch zu seinen Kollegen hatte er nicht gleich einen Draht. Alle sprachen Englisch miteinander – für niemanden die Muttersprache. Er stellte zügig mehr und mehr Mitarbeitende ein. Doch dass noch die gemeinsame Grundlage fehlte, spürte er sehr deutlich: Von Wir-Gefühl oder echtem Miteinander noch keine Spur, die Menschen in seinem gemischten Team standen bislang in ihren Rollen und Funktionen eher nebeneinander, als dass sie sich als Team aufeinander bezogen. Diego tat das, was für ihn als Mexikaner naheliegend war. Er selbst kam aus einer beziehungsorientierten Kultur und wusste aufgrund seiner internationalen Business-Erfahrung, dass Zusammenarbeit und Teamspirit auf der ganzen Welt durch persönliche gute Beziehungen gestärkt werden. Er machte sich Gedanken und schlug seinen Teammitgliedern ein Picknick am zauberhaften Jarun See vor, zu dem sie ihre Familien mitbringen konnten, wenn sie Lust hatten – er selbst würde auch mit seiner Frau und den Kindern kommen. Er war überwältigt von der Resonanz. Unabhängig von den kulinarischen Köstlichkeiten, mit denen seine Teammitglieder aufwarteten, fand sich eine große, fröhliche, altersgemischte Gruppe am Seeufer ein. Die Kinder spielten Fußball, zwischen den Bäumen war eine Slackline gespannt, es standen ein paar Stand-Up-Paddle-Boards bereit, einige Teammitglieder hatten Gitarren und Mandolinen mitgebracht, einer sogar seine Großmutter.

»Es war großartig«, erinnert sich Diego, »wir hatten einen fantastischen Nachmittag zusammen. Wir kamen ins Gespräch – als Menschen, Eltern, Sport- oder Musikfreunde. Wir haben viel gelacht, köstlich gegessen, gesungen, getanzt und uns amüsiert, bis es dunkel wurde. Das war die beste Investition in die Zukunft. Diese Erfahrung war der Start in eine vertrauensvolle Zusammenarbeit. Weil es allen so viel Freude gemacht hatte, kamen wir von da an jedes Jahr im Sommer am Seeufer zusammen. Die Treffen wurden im Laufe der Zeit immer größer. Als ich viele Jahre später, nachdem ich längst Kroatien verlassen und Märkte in anderen Regionen übernommen hatte, mit Führungskräften des mitteleuropäischen Teams Kontakt aufnehmen wollte, sagten sie mir: Komm doch in zwei Wochen, dann treffen wir uns wieder am Jarun See. Sie hatten daraus eine Tradition gemacht, die bis heute andauert. Das freut mich natürlich sehr.«

Du bist als Führungskraft gut beraten, das Wir-Gefühl in Deinem Team zu stärken. Unabhängig davon, aus welcher Kultur Du kommst, sind persönliche Beziehungen zu Deinen Teammitgliedern immer hilfreich. Du profitierst davon auf mehreren Ebenen: Als Führungskraft wird es Dir leichter fallen, Menschen einzuschätzen, mit denen Du arbeitest. Je besser Du Deine Teammitglieder kennst, desto gezielter kannst Du ihre Bedürfnisse und Motivatoren erkennen und darauf eingehen. Das Gefühl, von Dir gesehen und verstanden zu werden, wird sie ebenfalls motivieren. Du beflügelst Entfaltung und kannst dadurch sichtbare und noch nicht sichtbare Stärken ausbauen. Gleichzeitig werdet Ihr alle von einem starken Team-Gefühl profitieren. Kreativität und *Co-Creation* werden durch ein schwungvolles Miteinander auf eine neue Stufe gehoben. Interaktion untereinander kann sich viel umfassender entfalten. Ein zentrales Grundbedürfnis, das Du als Führungskraft beachten sollest, ist das Bedürfnis nach Verbundenheit. Diese Hinweise helfen Dir bei der Umsetzung:

✓ **Stärke den Austausch untereinander, so oft Du kannst:**
Grundsätzlich gilt: Je mehr persönlicher Austausch in Deinem Team stattfindet, desto besser für die Dynamik der Zusammenarbeit. Es gibt natürlich individuelle Vorlieben: Nicht jeder hat Lust auf ein paar Minuten Smalltalk vor Beginn eines Meetings oder für einen kurzen Schnack an der Kaffeemaschine. Schau Dir mit Deinem Team die Persönlichkeiten genau an, die an Bord sind und besprecht gemeinsam einen Weg, der für alle passt. An regelmäßigen Teamtreffen sollten unbedingt alle teilnehmen, denn sie stärken das Teamgefühl und erhöhen die Freude an der Arbeit.

✓ Formuliere gemeinsame Zielsetzungen:
Die Konzentration auf gemeinsame Ziele wirkt ebenfalls verbindend. Dazu gehört, dass Du als Führungskraft diese Ziele genau erklären, ihre Sinnhaftigkeit und Einordnung in den größeren Zusammenhang darstellen kannst. Es ist wichtig, dass Du in Deiner Vision jedes Teammitglied abholst und mitnimmst. Dann kann Dein Team an einem Strang ziehen und Kräfte gezielt bündeln.

✓ Feiert gemeinsam Erfolge!
Merkwürdig, aber wahr: Erfolge zu feiern, ist in vielen Organisationen nicht selbstverständlich! Aber für den Zusammenhalt enorm wichtig. Nehmt Euch die Zeit, freut Euch über das Erreichte, seid stolz aufeinander und lasst es krachen!

✓ Sei präsent, ansprechbar und nahbar:
Geh mit gutem Beispiel voran: Sei physisch präsent, denn so bekommst Du intensiver die Themen und Stimmungen Deines Teams mit. Signalisiere Deinen Teammitgliedern, dass sie Dich jederzeit ansprechen können. Schenke ihnen ungeteilte Aufmerksamkeit, wenn sie es tun und sich Dir mitteilen. Höre zu, versuche zu verstehen. Nahbar und authentisch bist Du dann, wenn Du Dich mit den Facetten Deiner Persönlichkeit zeigst – also auch mal verletzlich oder unwissend. Damit offen umzugehen, zeugt von Deiner Souveränität.

✓ Suche eine gemeinsame Ebene von Mensch zu Mensch:
Auch wenn es nicht immer leichtfällt: Bei Personen, die Du noch nicht kennst, versuche so früh wie möglich eine persönliche Verbindung herzustellen. Das reduziert das Gefühl der Bedrohung im Gehirn. Die Folge ist, dass Ihr Euch als Menschen entspannter begegnen könnt und Euch schneller füreinander öffnen werdet. Das wird der Zusammenarbeit gut tun.

ZUSAMMENFASSUNG

In diesem Kapitel geht es um Vertrauen und Verbundenheit. In Meyers Rahmenwerk haben wir gesehen, dass Menschen aus aufgabenorientierten Kulturen auf der Basis erfolgreich erledigter Tätigkeiten und gemeinsam durchgeführter Projekte Vertrauen zueinander aufbauen. Hierbei spielt es keine große Rolle, wie gut man sich privat kennt. Menschen aus beziehungsorientierten Kulturen wiederum bauen Vertrauen über persönliche Bindungen zueinander auf. Ob man in der Vergangenheit reibungslos zusammengearbeitet hat oder nicht, ist nicht so relevant. Insgesamt können wir festhalten, dass eine gute, persönliche Beziehung zu Deinen Teammitgliedern, mit denen Du zusammenarbeitest, grundsätzlich hilfreich ist – völlig unabhängig von ihrer kulturellen Prägung. Denn am Arbeitsplatz kommen wir in erster Linie als Menschen zusammen. Wir fühlen uns wohler und erreichen bessere Ergebnisse in der Zusammenarbeit, wenn wir uns kennen, einschätzen und einander vertrauen können. Deswegen ist in diesem Kapitel Meyers Dimension des Vertrauens mit der Säule der Verbundenheit aus dem SCARF-Modell verzahnt. Verbundenheit und vertrauensvolle Zusammenarbeit sind eng miteinander verknüpft. Als Führungskraft stärkst Du Verbundenheit und Vertrauen in Deinem Team durch wachsende Beziehungen untereinander, die durch gemeinsam verbrachte Zeit, erreichte Ziele und Erfolge sowie angestrebte Meilensteine an Qualität gewinnen.

II.5 BEURTEILEN

Sprache schafft Atmosphäre. Das ist nichts Neues, aber es ist vielen von uns nicht bewusst. Mit meiner kanadischen Freundin Ella spreche ich über unterschiedliche Vorstellungen von Höflichkeit in den verschiedenen Kulturen. In Lateinamerika und vielen anderen Kulturen der Welt gilt es als unhöflich, auf eine Frage keine Antwort zu wissen: Man möchte den anderen atmosphärisch mit seinem Anliegen nicht allein lassen. Daher ist es folgerichtig, beispielsweise die Frage nach einer Wegbeschreibung zu beantworten, auch wenn man den Weg nicht kennt. Wie oft bin ich in Mexiko falsch geleitet worden und wie sehr hätte ich dagegen die Antwort geschätzt:»Tut mir leid, ich weiß es nicht, fragen Sie jemand anderen.« Dieses Beispiel zeigt, wie fundamental sich die dahinterliegenden Wertesysteme unterscheiden. Bewahren einer guten Atmosphäre und»Eingehen« auf den Gesprächspartner versus Offenheit und Fakten ohne Umschweife. Das Konzept der Höflichkeit in Kulturen mit einer *high context* Kommunikation macht sich auch in einzelnen Formulierungen bemerkbar.

In Mexiko hatte ich ein Aha-Erlebnis. Ausgerechnet an einer Käsetheke.

Ein paar Menschen stehen vor mir in der Schlange. Sie werden nach und nach von der Verkäuferin begrüßt und bedient. In Deutschland würde die Verkäuferin sagen:»Was darf's sein?« Oder:»Der Nächste bitte.« Es erfüllt seinen Zweck. Deutschland gehört zu den *low context* Kulturen, die Sprache ist funktional. Entsprechend ist die Stimmung nüchtern. Bestellungen an der Käsetheke lösen selten Emotionen aus.

Als ich an der Reihe bin, fragt mich die Verkäuferin auf Spanisch:»Was wünscht meine Königin?«

Das ist für jemanden wie mich, die an eine Kultur mit wortwörtlicher Kommunikation gewöhnt ist, ein Grund für erstauntes Lachen gewesen. Hatte sie wirklich Königin zu mir gesagt? Die Ansprache amüsierte mich den ganzen Tag.

Ella nickt.»Ich weiß genau, was Du meinst. In Kanada werde ich vielleicht an der Käsetheke nicht als Königin bezeichnet, aber ich empfinde die Höflichkeit in der Kommunikation als etwas Bezauberndes – gerade, weil sie häufig auch so subtil ist, das macht es noch eleganter. Ich bin jetzt seit ein paar Jahren in Deutschland, aber manchmal staune ich immer noch über die enormen kulturellen Unterschiede. Ich gebe Dir ein Beispiel. Als ich in der internationalen Unternehmensberatung angefangen habe, für die ich derzeit tätig bin – Arbeitssprache ist Englisch – sagte mir meine deutsche Chefin in den ersten Tagen:

»Ella, wenn Du nicht schnell Deutsch lernst, schmeiße ich Dich raus.«
Sollte das ein Witz sein? Oder war es ernst gemeint? Es kam mir hart und ruppig vor. So würde ich mich nie ausdrücken. Aber weißt Du, was das Beste ist? Ich hätte andererseits auch nicht gedacht, dass mir einmal mein diplomatischer Umgang mit anderen zum Vorwurf gemacht werden würde. Das ist in meiner Welt absurd.«

»Das musst Du mir erzählen«, bitte ich sie.

Ella arbeitet als Beraterin für einen Konzern im Bereich *Human Capital*. Sie ist spezialisiert auf Führungskräfte- und Talententwicklung im Rahmen digitaler Transformationen. Zu ihrem Team gehört ihr Kollege Sven aus Deutschland. Sven steht in seiner Laufbahn noch relativ am Anfang – er hat erst zwei Jahre zuvor sein Studium abgeschlossen. Beide waren in einem umfangreichen Entwicklungsprojekt für denselben großen Kunden tätig, aber an unterschiedlichen Themen. Sven bekam also von seiner Chefin den Auftrag, das Format der jährlichen Performancegespräche, die der Kunde mit seinen Mitarbeitenden führt, zu überprüfen und auf ein moderneres Niveau zu heben. Vorlagen und Vorgehensweise waren in die Jahre gekommen und entsprachen nicht mehr dem Puls der Zeit.

Ella hat Erfahrung mit Performancegesprächen aus anderen Projekten. Da sie aber zu der Zeit nicht über freie Kapazitäten verfügte, bat die Chefin Sven, sich um diese Aufgabe zu kümmern. Sven machte sich an die Arbeit und recherchierte zu dem Thema. Er informierte sich über Modelle, neue Ansätze und aktuelle Formate, wie sich jährliche Performancegespräche in Unternehmen weiterentwickeln lassen. Schließlich entwarf er eine Präsentation, die er zunächst mit Ella besprechen wollte, bevor er sie seiner Chefin vorstellte.

»Sven zeigte mir die Präsentation Folie für Folie. Er hatte viel Arbeit investiert, das wusste ich. Was ich allerdings sah, überzeugte mich nicht. Der Ansatz, den er gewählt hatte, passte nicht zur Unternehmenskultur des Kunden. Das hatte Sven komplett übersehen.«

›Und, was sagst Du dazu?‹, fragte mich Sven nach der Präsentation. Ich überlegte einen Moment und wählte meine Worte mit Bedacht. ›Ich sehe, dass Du Dir damit viel Mühe gemacht hast. Deine Folien sind ansprechend aufbereitet. Im Layout ist es Dir gelungen, die Informationen mit zusätzlichen Grafiken zu verdeutlichen. Das sieht optisch sehr einladend aus. Dazu sprichst Du in verständlichen, kurzen Sätzen – das hilft beim Zuhören sehr‹, sagte ich und machte eine kurze Pause.

Sven nickte zufrieden und klappte das Laptop zu.

Er stand bereits auf, als ich ergänzte: ›Was hältst Du davon, den Ansatz zu überprüfen? Ich frage mich, ob es vielleicht noch einen anderen Weg für den Kunden geben könnte. Du wirst Dir sicher noch einmal Gedanken machen und überprüfen, was Du mit dem Kunden in Euren letzten Sessions besprochen hast.‹

Sven bedankte sich, ergänzte in der Präsentation eine Abschlussfolie zum weiteren Projektverlauf, wie er mir später erzählte, und präsentierte den Vorschlag seiner Chefin.

Er kam nicht weit. Seine Chefin fiel ihm nach wenigen Folien ins Wort:

›Sven! Nein, um Himmels willen! Das ist völlig unbrauchbar, was Du erarbeitet hast. Du schlägst ein agiles Format vor – ja, das ist moderner als jährliche Performancegespräche, passt aber überhaupt nicht zu Deinem Kunden. Das werden die niemals umsetzen können! Warum hast Du nicht mit Ella drüber gesprochen? Die hätte Dir das sofort sagen können. Schau Dir genau an, wen Du vor Dir hast und stell mir einen passenden Entwurf nächste Woche vor.‹

Als Sven kurz danach in mein Büro stürmte, hatte er eine steile Zornesfalte zwischen den Augen.

›Du hast mich ins offene Messer rennen lassen! Warum hast Du mich nicht gewarnt? Du hättest mir sagen können, dass mein Ansatz nicht für den Kunden funktioniert!‹

›Das habe ich‹, sagte ich ihm, ›aber Du hast meine Botschaft nicht verstanden.‹«

Was war hier passiert? Warum hatte Sven Ellas Botschaft nicht verstanden?

Schauen wir uns dazu Meyers Skala BEURTEILEN an.[1]

II.5 BEURTEILEN

Russland Frankreich Italien USA Großbritannien Brasilien Indien Saudi-Arabien Japan
Israel Deutschland Norwegen Australien Kanada Marokko Mexiko China Korea Thailand
Niederlande Dänemark Spanien Argentinien Kenia Ghana Indonesien
Ukraine Türkei

Direktes negatives Feedback ———————————————→ **Indirektes negatives Feedback**

Direktes negatives Feedback:	Negatives Feedback an Kollegen wird offen, direkt, ehrlich gegeben. Negative Botschaften stehen für sich, werden nicht durch positive abgemildert. Beim Kritisieren werden oft absolute Beiworte verwendet (total unangemessen, völlig unprofessionell). Kritik an einer Person kann vor der Gruppe geübt werden.
Indirektes negatives Feedback:	Negatives Feedback an Kollegen wird sanft, subtil, diplomatisch gegeben. Negative Botschaften werden oft in positive verpackt. Beim Kritisieren werden oft einschränkende Beiworte verwendet (etwas unangemessen, ein wenig unprofessionell). Kritik wird nur unter vier Augen geübt.

Quelle: Erin Meyer, Die Culture Map (2018)

Abbildung 7: Beurteilung

Auf der Skala sehen wir, dass die meisten europäischen Kulturen negatives Feedback auf direkte, unverblümte Art geben. Deutschland ist ein ausgeprägtes Beispiel dafür. Die USA, Großbritannien und Kanada befinden sich ungefähr auf der Mitte der Skala, wobei im Vergleich die US-Amerikaner etwas direkter in ihren negativen Rückmeldungen sind als die Kanadier oder Briten. Lateinamerikanische Kulturen geben in der Tendenz negatives Feedback noch indirekter und werden darin von arabischen, afrikanischen und asiatischen Kulturen übertroffen. In Japan sind negative Rückmeldungen weltweit am indirektesten. Im Vergleich zu Japan sind die Chinesen ziemlich direkt – ein Phänomen der kulturellen Relativität, das ich im Vorwort geschildert hatte. Für die gefühlte Ausprägung eines Verhaltens auf der Skala kommt es weniger darauf an, wo genau eine Kultur verortet ist, sondern viel eher, ob sie auf der einen oder der anderen Seite der Vergleichskultur liegt – denn damit wird die Tendenz zur gegenläufigen Ausprägung deutlich.

Bei genauer Betrachtung können wir Überraschendes feststellen: Kulturen, die auf der Skala KOMMUNIZIEREN als *high context* – also eher indirekt in ihrer Ausdrucksweise – eingestuft werden wie Frankreich, Spanien und Russland, erscheinen auf der Skala BEURTEILEN mit der Tendenz, negatives Feedback ziemlich direkt zu geben. Die US-amerikanische Kultur gilt dagegen als direkt und *low context* in ihrer Kommunikation, gibt aber negatives Feedback sehr viel indirekter als die meisten europäischen Kulturen. Es zeigt, wie vielschichtig diese Dimensionen gelebt werden und dass es häufig keine einfachen Analogien zwischen den einzelnen Dimensionen gibt.

Kommen wir auf die Geschichte von Ella und Sven zurück.

Ella hat aus ihrer kanadischen Perspektive eine Rückmeldung auf diplomatische und vorsichtige Weise gegeben. Sie hat gesagt: »Was hältst Du davon, den Ansatz zu überprüfen?« Das klang in Svens Ohren wie ein unverbindlicher Vorschlag, auf den er eingehen konnte oder nicht.

»Gar nichts halte ich davon«, dachte sich vielleicht Sven, »denn ich habe mich ja aus guten Gründen für genau diesen Ansatz entschieden.«

Einen klaren Hinweis, dass er sich mit seinem Vorschlag auf dem Holzweg befindet, vermochte er daraus nicht abzuleiten. Dafür war die Formulierung für seine Wahrnehmung zu subtil. Seine Fehleinschätzung wurde ihm erst durch das ungeschönte Feedback seiner Chefin klar, die sich sehr unmissverständlich ausdrückte.

Typisch für Kulturen, die negatives Feedback direkt geben, sind sprachliche Verstärker in Kombination mit harten Beschreibungen wie »völlig unbrauchbar« oder »total unprofessionell« oder »kompletter Unsinn«. Das macht die Aussage in den Augen der Feedbackgeber eindeutig und unzweifelhaft, ohne viel Zeit zu verlieren. Aber es kann im Feedbacknehmer blanken Stress auslösen und zu Blockaden führen – dann ist auch nichts gewonnen. Wertvoller, da die Chance auf inhaltliche Auseinandersetzung und Akzeptanz steigt, sind Rückmeldungen, die entgegenkommender und konstruktiver formuliert sind. Zum Beispiel statt »völlig unbrauchbar«: »noch nicht zielführend«, statt »total unprofessionell«: »noch nicht umfassend durchdacht«, statt »kompletter Unsinn«: »in diesem Kontext wahrscheinlich kein weiterführender Ansatz«.

Du hast bestimmt ähnliche Erfahrungen gemacht. Wir waren alle schon in der Situation, in der wir eine Rückmeldung als unangemessen schroff und direkt empfunden haben.

»Das Foliendesign musst Du noch mal anpassen – wir sind ja nicht im Kindergarten.« Meistens können wir uns sehr gut an solche Situationen erinnern, und nicht selten verbinden wir bis zum heutigen Tag ein flaues Gefühl in der Magengegend mit dem Feedbackgeber.

Auf der anderen Seite haben wir auch schon einmal erlebt, dass wir eine Rückmeldung zu unserer Arbeit in sehr abgeschwächter Form erhalten haben, während eine klare Botschaft für uns deutlich hilfreicher gewesen wäre.

»Interessantes Thema!«, heißt es vielleicht nach einer Präsentation – während der Feedbackgeber in der nächsten Kaffeepause zu seiner Kollegin sagt: »Meine Güte, ich konnte kaum zuhören, die hat ja alle paar Sekunden »ähm« gesagt.«

Als Führungskraft bist Du gefordert, eine gute Balance in Deinem Team zu finden.

Zu wissen, wer was und in welcher Form braucht, erfordert sowohl Erfahrung als auch Kenntnisse der kulturellen Unterschiede. Das allein ist schon eine ganze Menge.

Unabhängig von der kulturellen Prägung Deiner Teammitglieder solltest Du Dir noch eine grundsätzliche Tatsache bewusstmachen:

Unser menschliches Gehirn erlebt Feedback schnell als Bedrohung.

Jetzt wird es komplex:

Kritische Rückmeldungen zu unserer Leistung können unser Bedürfnis nach Status und Anerkennung gefährden oder unser Bedürfnis nach Sicherheit, Autonomie, Zugehörigkeit oder Fairness. Das heißt: Alle fünf SCARF-Säulen können durch kritisches Feedback ins Wanken geraten. Das kommt Dir übertrieben vor? Erinnere Dich mal an Deine eigene Erfahrung in Laufe Deines Berufslebens. Dein Chef oder Deine Managerin bitten Dich zum Gespräch. Kennst Du das unbehagliche Gefühl im Bauch? Die Befürchtung, etwas ist nicht ideal gelaufen, wird anders oder in Deinen Augen sogar falsch gesehen, Dir wird nicht richtig zugehört, Du hast gar keine Chance, einen Sachverhalt richtig zu erklären? Du wirst beurteilt, korrigiert, kritisiert, vielleicht sogar sanktioniert? Derartige Erfahrungen haben die meisten von uns gemacht. Und manche empfinden allein schon die Ankündigung der Feedback-Gespräche als Belastung. Wie oft habe ich als Coach gehört, dass sie schon Nächte vorher nicht gut schlafen können. Du wirst es vielleicht von Dir selbst oder von anderen kennen.

Was bedeutet das für Dich als Führungskraft?

Es bedeutet, dass wertschätzendes, diplomatisches, im Ton freundliches, in der Sache faktenbasiertes Feedback in jeder Situation einen guten Ansatz darstellt. Wertschätzung und Klarheit vermitteln dem Feedbacknehmer ein Gefühl von grundsätzlicher Akzeptanz und Einschätzbarkeit der Situation, um die es geht. Sofern die Rückmeldung faktenbasiert ist, also untermauert durch konkrete Beobachtungen der Handlungen und ihrer Auswirkungen, fällt es leichter, das Feedback als nachvollziehbar und fair zu empfinden. Das Erarbeiten von Handlungsoptionen und nächsten Schritten mit dem Ziel der Weiterentwicklung und Verbesserung eines Sachverhalts gibt dem Feedbacknehmer Sicherheit und Orientierung, auch weiterhin wichtiger Bestandteil des Teams sein zu können. Dieses Gefühl kommt dem menschlichen Bedürfnis nach Zugehörigkeit entgegen.

Du siehst, in welchen größeren Zusammenhang das Thema Feedback einzuordnen ist – die Anforderungen an Dich sind vielschichtig, da mehrere Ebenen zu beachten sind. Als sei das nicht schon ausreichend: Lass uns noch einen weiteren Aspekt hinzufügen, der Dir als Führungskraft im Laufe Deiner Karriere begegnen wird: Feedback in altersgemischten Teams.

KLEINER EXKURS: FEEDBACK IN GENERATIONS- ÜBERGREIFENDEN TEAMS

In diesen Zeiten leben Menschen länger und gehen deutlich später in Rente als früher. Das bedeutet, dass sich noch nie so viele Generationen zur gleichen Zeit am Arbeitsplatz versammelt haben wie heute – in manchen Unternehmen prägen vier Generationen das Bild.

Das hat Auswirkungen. Zum Beispiel auf die Frage, in welcher Form, zwischen wem und mit welcher Häufigkeit Feedback gegeben wird. Gezieltes Feedback ist von zentraler Bedeutung, denn darüber können eine hohe Qualität der Arbeit und kontinuierliche Verbesserungen sichergestellt werden. Da jede Generation von unterschiedlichen Werten, Glaubenssätzen, Strömungen und Perspektiven geprägt ist, wirken sich diese auf Interaktion am Arbeitsplatz, Veränderungs- und Lernbereitschaft aus. Als Führungskraft sollte Dir daher bewusst sein, wie Du den unterschiedlichen Präferenzen der Generationen gerecht werden kannst. Denn nur dann ist die Chance gegeben, dass Dein Feedback gehört und angenommen wird. Lass uns hierzu einen Blick auf die Prägungen und Bedürfnisse der einzelnen Generationen werfen.

Die Generation der Babyboomer (heute Ende Fünfzig bis Siebzig)
Die Generation der Babyboomer hat das strukturierte Format der jährlichen Performancegespräche eingeführt. Sie gehen davon aus, dass der Chef seinen Teammitgliedern schriftlich festgehaltenes, differenziertes Feedback zu ihrer Leistung im letzten Jahr gibt. Die Babyboomer legen Wert auf Anerkennung ihrer Leistung und ihrer Seniorität. Sie fühlen sich tendenziell nicht so wohl damit, Feedback von jüngeren Generationen zu erhalten oder IT-Tools für den Feedbackprozess zu nutzen.

Die Generation X (heute in den Vierzigern bis Mitte Fünfzig)
Diese Generation ist häufig in Haushalten großgeworden, in denen beide Eltern gearbeitet haben. Das hat ihr einen Sinn für Unabhängigkeit und Gestaltungsspielräume verschafft. Sie gilt als weniger formal als ihre Vorgänger-Generation. Jährliche Feedbackgespräche reichen ihr nicht. Sie ist offen für häufigere Rückmeldungen, sofern es nicht zu oft oder zu vage ist. Sie gehört zur ersten Generation, die auch ihren Chef beurteilt (Aufwärts-Feedback).

Die Generation Y (heute in den späten Zwanzigern und Dreißigern)
Die Generation Y schätzt regelmäßiges und konstruktives Feedback, um sich gezielt weiterzuentwickeln. Sie verlangt offenes, ehrliches Feedback, das sich darauf konzentriert, ihre Stärken zu stärken – und nicht eines, das an ihren Interessen und Zielen vorbeigeht.

Die Generation Z (heute Teenager bis Mitte Zwanzig)

Die Generation Z (Digital Natives) ist die erste Generation, die sich konstant im Internet und auf Social Media aufhält. Sie postet Beiträge oder Video-Clips auf verschiedenen Plattformen und erlebt im Laufe des Tages unmittelbare Reaktionen darauf. Damit ist sie an kontinuierliches informelles Feedback gewöhnt. Aufgrund ihrer digitalen Prägung schätzt sie nicht nur sofortige, sondern auch interaktive Rückmeldungen, gern auch in Form von *gamification*. Zu langsames oder zu langweiliges Feedback lehnt die Generation Z ab. Ihr Interesse an Feedback aus unterschiedlichen Quellen und Perspektiven ist hingegen sehr hoch. Sie legt großen Wert auf Kreativität und Innovation.

Wenn Du als Führungskraft ein generationsübergreifendes Team führst, können Dir folgende Tipps helfen.[3]

✓ **Dein Feedback an Babyboomer (Jahrgänge 1946–1964):**
Wähle ein strukturiertes, systematisches Setting für Feedbackgespräche. Formuliere schriftlich nachvollziehbare klare Ziele, Erwartungen, Fristen und Kennzahlen, an denen Du die Leistung der Babyboomer messen wirst. Zeige Wertschätzung für ihre Erfahrung, ihre Leistung und ihren Beitrag.

✓ **Dein Feedback an die Generation X (Jahrgänge 1965–1979):**
Gewähre dieser Generation Handlungsspielräume, damit sie Probleme selbst lösen kann. Gib offenes, ehrliches und faktenbasiertes Feedback, das Wachstum und Weiterentwicklung ermöglicht. Wähle für Dein zeitnahes Feedback ihren präferierten Kommunikationskanal.

✓ **Dein Feedback an die Generation Y (Jahrgänge 1980–1994):**
Investiere Zeit und Interesse in ihre berufliche Entwicklung. Zeige der Generation Y den Zusammenhang zwischen ihren Werten, ihren angestrebten Zielen und der Sinnhaftigkeit ihrer Tätigkeit auf. Gib offenes und konstruktives Feedback, das auf ihre Ziele zugeschnitten ist, so dass sie sich gezielt weiterentwickeln kann.

✓ **Dein Feedback an die Generation Z (Jahrgänge 1995–2010):**
Sorge für eine Arbeitsumgebung, die kreativ, innovativ und vielfältig ist. Gib wertschätzendes, positives Feedback, das sie ihre Talente

erkennen und freilegen lässt. Vermeide harte Ansagen und schroffe Aussagen. Je interaktiver, spielerischer und ermutigender Dein Feedback ausfällt, desto größer ist die Chance, dass sie weiterhin von Dir gefordert und gefördert werden will.

DEIN TRANSFER IN DIE PRAXIS

SEI WERTSCHÄTZEND UND KLAR

Wir haben im ersten Teil dieses Kapitels gesehen, wie komplex das Thema *kritische Rückmeldungen* ist. Als Führungskraft brauchst Du ein gutes Gespür für ein Gleichgewicht aus Klarheit und Wertschätzung. Kulturen zeigen zwar unterschiedliche Ausprägungen in ihrem Ausmaß an Direktheit – dennoch reagieren wir auf Feedbackgespräche unmittelbar als Menschen, die sich schnell angegriffen und bedroht fühlen. Aus dem Grund solltest Du kritische Rückmeldungen im Gespräch unter vier Augen geben und nicht in größerer Runde. Ein vertrauensvoller Gesprächsrahmen kann für die Akzeptanz des Feedbacks eine entscheidende Rolle spielen. Mit folgenden Tipps gelingt es Dir, sowohl der interkulturellen Komponente als auch dem psychologischen Bedürfnis nach Sicherheit gerecht zu werden:

✓ **Formuliere Deine positive sowie kritische Rückmeldung klar und deutlich:**
Psychologisch macht es Sinn, ein Feedbackgespräch mit positiven Rückmeldungen zu beginnen. Deine positiven Rückmeldungen sollen ehrlich, konkret und relevant sein. Äußere Dich dann zu kritischen Punkten faktenbasiert mit Ich-Botschaften zu beobachtbarem Verhalten und schildere die Auswirkungen dieser Verhaltensweise. Zum Schluss zeigst Du nächste Schritte auf, wie Du mit Deinem Gegenüber an einer Weiterentwicklung arbeiten kannst. Äußere Dich in friedlicher und würdigender Sprache.

✓ **Versuche die Waage zwischen positivem und kritischem Feedback zu halten:**
Achte auf eine gute Balance. Zu viel kritisches Feedback demotiviert. Häufig kommt explizit positives Feedback zu kurz: Ändere das! Du wirst sehen, welche beflügelnden Auswirkungen dies auf Motivation und Leistung Deines Teammitglieds hat. Balanciere auch Deine Wortwahl aus. Verzichte auf sprachliche Verstärker und harte Beschreibungen (»*völlig unbrauchbar*«), äußere Dich lieber diplomatischer und entgegenkommender (»*in dieser Form noch nicht zielführend*«). Das hat große Auswirkungen auf den Gesprächsverlauf und erhöht die Chance, dass Dein Feedback angenommen wird.

✓ **Besprich mit Deinem Team die unterschiedlichen Feedback-Stile:**
Das Beste ist, kulturelle Unterschiede in einem gemischten Team bewusst zu machen, indem Du darüber sprichst. Dazu gehört auch die Art und Weise, wie Du Rückmeldungen gibst. Achte Herangehensweisen anderer Kulturen und schaue mit freundlicher Distanz auf Deine eigene. Gemeinsam könnt Ihr einen guten Weg finden, wie die Rückmeldungen in Deinem Team am besten aussehen könnten, so dass alle sich damit wohlfühlen.

SCARF – GERECHTIGKEIT (FAIRNESS)

Im ersten Teil dieses Kapitels haben wir gesehen, wie vielschichtig das Thema Rückmeldungen ist. Es gibt nicht nur große Unterschiede in der Art und Weise, wie Kulturen kritische Rückmeldungen geben – das Ausmaß an Direktheit und Diplomatie variiert deutlich. Als Führungskraft solltest Du Dir ebenfalls Gedanken machen, wem und mit welchem Schwerpunkt Du eine kritische Rückmeldung gibst. Die aktuell häufig vertretenen vier Generationen am Arbeitsplatz stellen sehr unterschiedliche Erwartungen an Dich. Du solltest Dir diese Erwartungen bewusst machen, damit Du gezielt darauf eingehen kannst. Dadurch erhöhst Du die Bereitschaft für die Zusammenarbeit und Auseinandersetzung mit schwierigen Themen.

Da es Dein höchstes Ziel als Führungskraft ist, ein leistungsstarkes, motiviertes Team zu haben, mit dem Du Deine Zielsetzungen erreichen kannst und in dem sich Deine Teammitglieder entfalten können, ist ein weiterer Aspekt von zentraler Bedeutung:

das Thema Gerechtigkeit.

Wir haben bereits an allen anderen Beispielen zum SCARF-Modell gesehen, wie sehr sich Status (*Status*, Kapitel I.1), Sicherheit (*Certainty*, Kapitel II.2), Autonomie (*Autonomy*, Kapitel II.3) und Verbundenheit (*Relatedness*, Kapitel II.4) auf die Leistungsfähigkeit eines Einzelnen oder eines ganzen Teams auswirken können. Deswegen ist es für Dich als Führungskraft auch wichtig zu wissen, wie Du die letzte Säule – Gerechtigkeit (*Fairness*) – in Deinem Team stärken kannst. Folgendes Beispiel veranschaulicht Dir, warum.

Als Frederik neues Mitglied im Vertriebsteam eines großen Herstellers für Dentaltechnik wird, ist das Unternehmen gerade in einer Wachstumsphase. Der Markt ist hochdynamisch, überall fehlen Fachkräfte, die Auftragslage ist enorm und kann kaum zufriedenstellend bedient werden. Lieferengpässe als Folgen der Pandemie haben Vertrieb und Kunden vor große Schwierigkeiten gestellt, Personalengpässe die Situation zusätzlich verschärft. Immernoch ist das Unternehmen dabei, technische und personelle Lösungen zu suchen. Die Lage im Team ist angespannt. Es macht zwar Spaß, Produkte zu vertreiben, die auf dem Markt stark nachgefragt sind, aber es ist anstrengend, verärgerte Kunden zu beruhigen oder auch neue zu übernehmen. Die Arbeitsbelastung ist hoch. Hinzu kommt, dass das Team beratungsintensive Spezialtechnik vertreibt, die viel Wissen, Kompetenz und Erfahrung erfordert. Das macht es schwer, geeignete Kandidaten auf dem Arbeitsmarkt zu finden. Das Team arbeitet am Limit. Auch die Regionalleiter sind stark eingebunden und versuchen, möglichst viele Themen zwischen Vertriebsteam und Geschäftsleitung zu lösen.

Als Ben zum Vertriebsteam dazukommt, stimmt Frederik dem Auswahlprozess zu und übernimmt Teile der Einarbeitung. Frederik ist Ingenieur und hat viel Erfahrung – er hat vorher jahrelang ein Team in einem anderen Konzern geleitet. Ben hat gerade die Uni abgeschlossen, ist halb so alt wie Frederik. Er ist begeisterter Handballfan und trainiert eine eigene Jugendmannschaft. Er hat das Unternehmen bereits vor Jahren als Werkstudent im Bereich Auftragsbearbeitung kenngelernt. Dass sein Lehramtsstudium nichts mit Prothetik-Komponenten oder Endodontie-Instrumenten zu tun hat, spielt keine Rolle, denn er wurde im Laufe der Zeit intensiv geschult. Ben ist Mitte Zwanzig, gehört damit der jungen Generation an – der Gen Z. Über diese Generation und ihre Erwartungen an den Arbeitsmarkt wirst Du in Kapitel III noch mehr erfahren.

Bevor sich Ben entscheidet, Mitglied des Vertriebsteams zu werden, klärt er die Eckdaten seines Arbeitsvertrages. Dazu gehören die Arbeitszeiten: Er macht klar, dass das Training seiner Jugendmannschaft mit dem Job vereinbar sein muss. Außerhalb seiner Arbeitszeiten möchte er nicht kontaktiert werden, Privates und Berufliches trennt er. Im nächsten Schritt klärt er sein Verkaufsgebiet – denn nur ein Gebiet, das er wohnortnah gut erreichen kann, macht organisatorisch Sinn. Sonst würde er es nicht rechtzeitig ins Handballtraining schaffen. Regionalleitung und Geschäftsleitung stimmen zu – froh, überhaupt ein junges Talent rekrutiert zu haben.

Als Frederik erfährt, welche Vereinbarungen getroffen wurden, ist er wütend und höchst unzufrieden. Er fühlt sich ungerecht behandelt. Er geht auf den Regionalleiter zu und wird sehr ärgerlich:»Das ist so unfair! Ich bin viel länger als Ben dabei. Ich möchte auch genau dieses Verkaufsgebiet haben, denn ich wohne schließlich dort in der Gegend. Stattdessen schickt ihr mich durch halb Deutschland. Dabei habe ich 3 Kinder zu Hause, die freuen sich auch, wenn sie ihren Vater mal sehen! Außerdem bin ich Ingenieur, ich bin viel qualifizierter, ich habe viel mehr Erfahrung, warum bietet ihr nicht mir das Gebiet zuerst an?«

Tatsächlich ist die Klärung der Verkaufsgebiete und ihre regelmäßigen Anpassungen ein Thema, das sich durch das starke Wachstum des Teams erst in letzter Zeit mit neuer Brisanz ergeben hat. Ben war einfach schnell und hat sowohl das Gebiet als auch die Arbeitszeiten zu Bedingungen seiner Anstellung gemacht und vertraglich festschreiben lassen. Das wurde ihm zugestanden, daran ist nun nicht mehr zu rütteln.

Frederiks Unzufriedenheit und sein Gefühl, unfair behandelt zu werden, sind ebenfalls nachvollziehbar.

Vielleicht kommt Dir das als Führungskraft bekannt vor. Wahrscheinlich hast Du Dich selbst schon unfair behandelt gefühlt. Die

Erfahrung teilen wir eigentlich alle. Das Gefühl von Ungerechtigkeit entsteht relativ schnell – Menschen haben hier ein sehr feines Sensorium. Zu Recht: Immer dann, wenn es zu einer ungleichen Verteilung von Ressourcen, Vergütung, Anerkennung, Privilegien und dergleichen kommt, riskierst Du, dass sich Menschen in Deinem Team unfair behandelt fühlen. Das solltest Du lösen als Führungskraft, sonst wird das Problem immer größer und destabilisiert die ganze Arbeitsdynamik. Was kannst Du also tun?

Im Falle von Ben und Frederik wurden einige Gespräche geführt. Die Geschäftsleitung hat sich der Sache angenommen. Folgender Kompromiss wurde gefunden: Für Frederik wurde ein Kerngebiet innerhalb seines Verkaufsgebietes definiert, das für ihn geografisch gut liegt. Den Bereich außerhalb des Kerngebietes leitet er kommissarisch. Geschäftsleitung und Personalabteilung haben der Rekrutierung neuer Teammitglieder für diesen Bereich höchste Priorität eingeräumt. Auch Ben hat sich auf ein Entgegenkommen eingelassen. Er übernimmt vorübergehend deutlich mehr Regionen als vertraglich vereinbart und trägt damit zur Entlastung anderer Kollegen – auch Frederiks – bei. Die Trainingszeiten seiner Handballmannschaft hat er angepasst, um Job und Freizeit miteinander zu vereinbaren.

Solche Situationen zu lösen ist, nicht immer leicht. Lösungen liegen nicht gleich auf der Hand, Emotionen müssen erst verarbeitet werden, Beteiligte müssen bereit sein, sich konstruktiv zusammenzusetzen. Viele Einigungen müssen erst erarbeitet werden – das ist ein Prozess. Als Führungskraft hilft Dir eine offene Haltung, transparente Kommunikation und die Einbindung der Beteiligten. Ein Gespräch mit Frederik allein wäre nicht sinnvoll gewesen. Sein Unmut bezog sich nicht auf Ben persönlich, sondern darauf, dass dieser für sich besser und schneller verhandelt hatte. Erst am runden Tisch, zusammen mit der Geschäftsleitung, konnten sie eine Einigung ausarbeiten.

Um das Gefühl von ungleicher Behandlung anzusprechen und auszugleichen, spielt Klarheit eine zentrale Rolle – und zwar auf allen Seiten. Frederik hat klar benannt, was ihn stört. Die Geschäftsleitung hat sich zügig bereiterklärt, an einer Lösung zu arbeiten und hat Ben hinzugezogen. In der neuen Konstruktion wurden die dazugehörigen Regeln konkret benannt und an alle transparent kommuniziert.

Das Gefühl von Gerechtigkeit ist essenziell für ein leistungsstarkes Team. Motivation ist das Erste, was bei empfundener Ungleichbehandlung leidet. Frustration, Kapitulation, innere oder faktische Kündigung können die Folge sein. Wie Du siehst: Die Folgen können so gravierend ausfallen, dass Du als Führungskraft viel dafür tun solltest, ein Gefühl von Fairness in Deinem Team herzustellen. Folgende Tipps helfen Dir bei der Umsetzung:

✓ **Kommuniziere klar und deutlich:**
Wie so oft spielt eine klare Kommunikation eine zentrale Rolle: Sprich darüber, was Du wahrnimmst (wenn Du Dich selbst ungerecht behandelt fühlst) oder sage zu, Dich mit dem Thema auseinanderzusetzen, um eine gute Lösung für Dein Team oder ein bestimmtes Teammitglied zu finden (wenn andere sich ungerecht behandelt fühlen).

✓ **Binde Dein Team mit ein:**
Erst wenn Du im Fall von empfundener Ungerechtigkeit diejenigen einbindest, die dieses Gefühl äußern, kannst Du mit ihnen zusammen an einer Lösung arbeiten. Sinnvoll ist, dass sie selbst Ideen entwickeln, welche Lösungen passen könnten – die Chance, dass sie sich mit diesen Lösungen zu identifizieren, ist viel höher.

✓ **Mache Deine Gründe und Entscheidungen transparent:**
Klarheit und Transparenz sind die Währung für Fairness. Wenn Dein Team nachvollziehen kann, aus welchen Gründen Du welche Entscheidungen triffst, kann es sich Dir besser anschließen und Deine Entscheidung mittragen.

✓ **Formuliere konkrete Erwartungen:**
Je klarer Du Deine Erwartungen an die neue Situation und an Dein Team kommunizierst, desto mehr stärkst Du damit die Säule der Sicherheit. Dinge gut einschätzen zu können, trägt zu innerer Entspannung und Motivation bei.

 ZUSAMMENFASSUNG

In diesem Kapitel geht es um Feedback und Gerechtigkeit. Die beiden Themen hängen eng miteinander zusammen und sind aus mehreren Gründen komplex:

Wenn Du kritische Rückmeldungen geben musst, solltest Du interkulturelle Unterschiede in der Zusammenarbeit beachten. Manche Kulturen geben negatives Feedback in sehr direkter Form, andere Kulturen äußern sich deutlich vorsichtiger und diplomatischer.

Für Dich als Führungskraft gilt: Schaffe einen vertrauensvollen Gesprächsrahmen unter vier Augen und achte auf wertschätzende Formulierungen. Du kannst alles, was Du ausdrücken willst, auch achtsam sagen, so dass sich der andere weder bedroht noch in Frage gestellt fühlt.

Wenn Du ein altersgemischtes Team führst, mach Dir in der Vorbereitung auf ein Feedbackgespräch genau klar, mit wem Du sprechen wirst – damit Du die richtige Form und Ansprache für Deine Rückmeldung wählst. Das Thema Rückmeldung ist ebenfalls eng mit dem Thema Gerechtigkeit verbunden. Grundsätzlich gilt: Rückmeldungen werden dann eher als fair empfunden, wenn sie faktenbasiert sind und konkret beobachtbares Verhalten schildern – und zwar zeitnah. Ich-Botschaften verschaffen dem Gegenüber einen Puffer der Relativität: Nur weil der Feedbackgeber ein bestimmtes Verhalten auf eine spezifische Weise wahrgenommen hat, muss das nicht heißen, dass alle Menschen dieser Welt dieses Verhalten so empfinden würden. Das erhöht die Bereitschaft, über den Inhalt der Rückmeldung wenigstens nachzudenken. Da »Gerechtigkeit« eine der fünf Säulen im SCARF-Modell ausmacht und damit einen fundamentalen Bestandteil für die psychologische Sicherheit in Teams darstellt, solltest Du als Führungskraft sehr wachsam für dieses

Thema sein. Nicht nur in Bezug auf Deine Rückmeldungen, sondern auch hinsichtlich der Ressourcenverteilung innerhalb Deines Teams. Ungerechtigkeit ist der Garant für Demotivation und Minderleistung.

Teammitglieder, die demotiviert sind und sich nicht entwickeln können, werden das Team früher oder später verlassen.

II.6 FÜHREN

»Das war ein langer Prozess«, erzählt mir Gustavo, brasilianischer Finanzchef der Region Mittel- und Osteuropa eines Schweizer Nahrungsmittelkonzerns. »Es hat gedauert, bis mein Team endlich in der Lage war, selbst Verantwortung zu übernehmen.«

Seit einigen Jahren besteht sein Team in der Ukraine aus mehreren erfahrenen Managern, die ihm direkt unterstellt sind. Zu ihren Aufgaben gehört, Entscheidungsvorlagen vorzubereiten. Gemeinsam mit Gustavo erarbeiten sie unter anderem Strategien für den nachhaltigen Ressourceneinsatz in der Lebensmittelindustrie – *Rework* ist ein großes Thema. So nennt man den Versuch, Lebensmittelverluste im Produktionsprozess gar nicht erst entstehen zu lassen und noch verwertbare Stoffe in den Produktionskreislauf zurückzuführen. Die Meetings mit seinem Team zeigten in den ersten Monaten das immer gleiche Muster:

»Ihr habt Euch vorbereitet«, eröffnet Gustavo die Runde. »Dann lasst mal hören, welche Gedanken Ihr Euch gemacht habt. Lilya: Wie schaut's aus?« Er nickt seiner ukrainischen Teamleiterin zu.

Lilya blättert in ihren Unterlagen und sagt: »Ich habe mir mit meinem Team den Ausschuss in unseren Werken genauer angeschaut. Wir haben drei Optionen erarbeitet. Erstens: Überschüssige Lebensmittel, die nicht den Standardzuschnitten für ein bestimmtes Produkt entsprechen, können in anderen Produkten eingesetzt werden. Zweitens: Unzureichende Konsistenzen oder Geschmacksausprägungen können durch Nachbearbeitung angepasst werden und drittens: Fehlerhafte Verpackungen können umgebaut oder recycelt werden.« Sie schaut Gustavo an und schweigt.

»Und jetzt?«, fragt Gustavo. Lilya zieht fragend eine Augenbraue hoch.

»Was denkst Du?«, hakt Gustavo nach, »Was empfiehlst Du? Welche Punkte sprechen für oder gegen die drei Optionen? Du hast Dir doch Gedanken gemacht und steckst in diesen Themen tiefer drin als ich. Wie gehen wir weiter vor?«

»Das weiß ich nicht«, sagt sie, »Du bist der Chef. Das musst Du entscheiden.«

»Das nenne ich *delegation upwards*«, sagt Gustavo kopfschüttelnd.

»So stelle ich mir das nicht vor. Ich möchte, dass Ihr nach Abwägung aller Optionen eine klare Handlungsempfehlung aussprecht.«

Kennst Du die Situation?

Werfen wir dazu einen Blick auf Meyers Skala zum Thema FÜH-REN.[1]

Gustavo kommt aus Brasilien. Nach über 20 Jahren Berufstätigkeit in verschiedensten Regionen der Welt hat sich – wie er selbst sagt – seine kulturelle Prägung mit der Unternehmenskultur seines Arbeitgebers vermischt. Brasilien und die Schweiz liegen auf dieser Skala etwa in der Mitte – in der Nähe von Deutschland. Als Finanzchef erwartet er von seinem Team, dass es Verantwortung übernimmt für Entscheidungen, die getroffen werden müssen. Dazu soll es verschiedene Optionen erarbeiten, diese gründlich analysieren und anschließend mit einer Empfehlung versehen. Sein Team besteht schließlich aus Experten mit jahrelanger Erfahrung. In seiner Vorgesetztenrolle sieht er sich eher als Partner, der mit seinem Team im Gespräch ist und versucht, gemeinsam beste Lösungen zu finden. Aber er sieht sich nicht als derjenige, der allein zu Ergebnissen kommt und die Richtung vorgibt.

Lilya und die anderen Teamleiter kommen aus der Ukraine. Sie sind von einem Umfeld geprägt, in dem Vorgesetzte sagen, wo es langgeht. Lilya wurde gebeten, zum Thema *Rework* Optionen zu erarbeiten. Das hat sie getan. Aber daraus eine Handlungsempfehlung für den Finanzchef abzuleiten, dazu sah sie sich nicht befugt. Bei den anderen Teamleitern war es in solchen Meetings ähnlich. Sich Gedanken machen, Daten erheben, Fakten analysieren, Optionen erarbeiten: ja – eine abschließende Bewertung vornehmen, um eine Entscheidung herbeizuführen: nein.

Gustavo war mit seinen Teams aus vorherigen Tätigkeiten eine Zusammenarbeit gewöhnt, die eher auf Augenhöhe und weniger hierarchisch stattfand. Er wollte in seiner Rolle als Finanzchef nicht mit so einer großen Distanz zu seinem Team wahrgenommen werden. Er beschloss, die Dinge nicht einfach auf sich beruhen zu lassen und machte die Arbeitsweise des Teams zum Thema. In zahlreichen Gesprächen mit seinen Teammitgliedern gelang es ihm schließlich, seine Vorstellungen von effektiver Zusammenarbeit zu vermitteln. Er warb für einen kooperativen Austausch von Ideen auf Augenhöhe und war von der Kreativität und Initiative seiner Teammitglieder nach einer Phase des schrittweisen Herantastens überrascht. Der Prozess dauerte lange, aber er hatte sich

II.6 FÜHREN

Dänemark   Israel   Kanada   USA   Frankreich   Türkei   Saudi-
Niederlande Finnland Großbritannien Deutschland   Italien   Polen   Marokko Arabien Japan
Schweden   Australien   Brasilien Spanien   Mexiko   Russland Indien Korea
                                                              Ukraine China Nigeria

Egalitär ←————————————————————————————→ **Hierarchisch**

....

Egalitär: Der Abstand zwischen Chef und Untergebenen ist idealerweise gering. Der beste Chef ist ein Moderator unter Gleichgestellten. Organisationsstrukturen sind flach. Kommunikation überspringt oft hierarchische Ebenen.

Hierarchisch: Der Abstand zwischen Chef und Untergebenen ist idealerweise groß. Der beste Chef ist ein starker Leiter, der von der Spitze her führt. Status ist wichtig. Organisationsstrukturen sind vielschichtig und festgelegt. Kommunikation verläuft entlang der hierarchischen Linien.

Quelle: Erin Meyer, Die Culture Map (2018)

Abbildung 8: Führungsstile

gelohnt. Heute schaut er auf ein starkes Team, das den Ansatz von *Co-Creation* zu schätzen weiß, da er sowohl die Arbeitsergebnisse qualitativ auf ein neues Niveau gehoben als auch eine neue Form der persönlichen und fachlichen Entfaltung seiner Teammitglieder ermöglicht hat.

DEIN TRANSFER IN DIE PRAXIS

ÜBERTRAGE VERANTWORTUNG FÜR CO-CREATION
In der heutigen Business Welt reicht es nicht aus, entweder eine Führungskraft mit partizipativ-kooperativem Ansatz zu sein oder eine, die hierarchisch orientiert ist. Du solltest beides sein – denn dann bist Du in der Lage, verschiedene Kulturen in Deinem Team je nach Situation effektiv zu führen. Häufig bedeutet das, erst einmal einen Schritt zurückzutreten und Dir genau anzuschauen, was Dein Team von Dir erwartet und was Du von Deinem Team erwartest. Es kann sehr unterschiedlich sein, was gemischte Teams zu Leistung anspornt und sie motiviert, Dir zu folgen. Flexibilität und Kommunikation sind Deine Zauberformel zur Gestaltung der Dynamik.

✓ **Bitte Dein Team, sich zunächst intern ohne Dich auszutauschen:**
Dies kann hilfreich sein, wenn Du das Gefühl hast, Deine Teammitglieder können ohne Dich unbefangener nachdenken. Der interne Austausch kann ihr Gefühl von Sicherheit und Einschätzbarkeit in Bezug auf bestimmte Fragen stärken. Im Anschluss teilt Dein Team mit Dir gewonnene Erkenntnisse und erarbeitet Vorschläge für weitere Schritte.

✓ **Kommuniziere im Vorfeld Deine Erwartungen an ein Meeting:**
Wenn Du klare Erwartungen an ein Meeting hast, dann teile sie vorher mit. Soll Dein Team zum Beispiel nicht nur Optionen entwerfen, sondern auch Handlungsempfehlungen aussprechen, dann mach diese Zielsetzung mit genug zeitlichem Vorlauf deutlich. So können sich alle gut vorbereiten und eventuell untereinander kurzschließen.

✓ **Achte drauf, dass keiner im Meeting sein Gesicht verliert:**
In gemischten Teams gibt es vielleicht Teammitglieder, die mit offenem Widerspruch oder kritischen Rückmeldungen in großer Runde Schwierigkeiten haben. Sei achtsam und sprich bei heiklen Themen die Personen im geschützten Rahmen unter vier Augen an.

CARING PERFORMANCE

Als Mareike den Briefumschlag zuklebte, hatte sie ein komisches Gefühl. Seit über einem Jahr war eines ihrer Teammitglieder langzeiterkrankt – Georg. Sie selbst hatte Georg flüchtig kennengelernt, nachdem sie kurz vorher dieses neue Team übernommen hatte.

Mareike arbeitet als Führungskraft in einem internationalen Konzern mit Sitz in Deutschland. Sie betreut ein Team von rund 20 Menschen, allesamt Experten für digitale Infrastruktur. Sie legt sich für ihr Team sehr ins Zeug. Sie versucht Hindernisse aus dem Feld zu räumen und den Weg freizumachen für neue Perspektiven und individuelle Chancen. Manchmal wird sie von den zahlreichen Umstrukturierungen ihres Bereichs überrollt. In diesem hochdynamischen Umfeld von Digitalisierung gibt es permanente Änderungen, in denen sie sich erst einmal selbst orientieren muss. Mit ihrer sympathischen und einfühlsamen Art schafft sie es trotz der Unruhe, einen guten Draht zu ihren Teammitgliedern aufzubauen. Sie gibt jedem einzelnen das Gefühl, die individuellen Stärken zu erkennen und sich in Phasen der Restrukturierung für passende Aufgaben einzusetzen. Persönlicher Austausch mit ihren Teammitgliedern war ihr schon immer wichtig, so dass sie trotz der Verteilung an verschiedenen Standorten einen Punkt aus regelmäßigen Präsenzmeetings macht. Bei einer solchen Gelegenheit hatte sie Georg als engagierten und kompetenten Mitarbeiter kennengelernt.

Zu Beginn seiner Erkrankung hatte Georg Mareike als seine Führungskraft noch über die Verlängerung der Krankschreibung telefonisch oder per Mail informiert, bevor er sie im System einstellte. Doch seit Monaten hatte er keine Verbindung mehr zu ihr aufgenommen. Mareike konnte ihn weder telefonisch noch per E-Mail erreichen, er antwortete nicht. Sie machte sich langsam Sorgen. Sie schrieb ihm mehrere Briefe an seine Wohnanschrift, in denen sie sich nach seinem Befinden erkundigte und ihn bat, sich bei ihr persönlich zu melden. Vergeblich. In ihrem letzten Brief an ihn wurde sie deutlicher und kündigte an, die Polizei zu bitten, nach dem Rechten zu schauen, wenn sie nichts von ihm persönlich hörte. Als Führungskraft habe sie schließlich eine Fürsorgepflicht. Sie schickte den Brief ab.

Keine Reaktion.

Es gab einen einzigen Kollegen im Team, von dem Mareike wusste, dass die beiden ab und zu privat in Verbindung standen. Sie bat den Kollegen, ausrichten zu lassen, dass sie im Begriff sei, die Polizei zu verständigen. Daraufhin klingelte endlich ihr Telefon. Georg rief an.

Er hatte sich mal stationär, mal ambulant in einer Klinik befunden. Sein Arbeitslaptop oder sein Diensttelefon hatte er seit Monaten nicht mehr ans Netz gelegt. Post bekam er wenig – die seines Arbeitgebers öffnete er nicht. Mareikes Briefe hatte er nicht gelesen, ihre Nachrichten auf dem Anrufbeantworter nicht abgehört. Er klang angeschlagen.

Am Telefon gelang es Mareike, den richtigen Ton zu treffen, sodass Georg in der Leitung blieb. Er spürte ihre Anteilnahme an seiner Situation und ihr Bedürfnis, ihn zu unterstützen. Mareike fragte ihn, unter welchen Umständen er sich vorstellen könnte, ein Gespräch zu seiner weiteren Entwicklung zu führen. Er schlug ein Dreiergespräch mit seiner psychosozialen Betreuerin aus der Klinik vor.

In dem Dreiergespräch brachte Mareike Georg auf den neusten Stand. Sie erzählte ihm, welche Themen aktuell von welchen Personen verantwortet wurden. Und welche Aufgaben nicht mehr zu ihrem Themenspektrum zählten. Es stellt sich heraus, dass es manche Projekte nicht mehr gab, mit denen Georg befasst, aber unglücklich gewesen war. Und dass es stattdessen neue Aufgaben gab, die ihn interessierten, für die Mareike aber noch nicht die passende Besetzung gefunden hatte. Auch die personelle Besetzung des Teams hatte sich im Laufe der Monate geändert. Georg schien entlastet. Es folgten mehrere weitere Gespräche zu dritt. Er stand wieder mit Mareike persönlich im Kontakt. Nach ein paar Wochen, unterstützt durch weitere Institutionen, fanden sie einen behutsamen Weg zur schrittweisen Wiedereingliederung.

Heute arbeitet Georg in einer neuen Fachgruppe. Mareike konnte ihm ein neues Thema mit neuen Aufgaben übertragen, die Georg liegen. Er fühlt sich innerhalb seines Teams wohl und wurde gut aufgenommen. Mit seiner Kompetenz und seiner engagierten Arbeitsweise konnte er die Fachgruppe inhaltlich spürbar weiterentwickeln. Das motiviert ihn, die Aufgaben machen ihn zufrieden. Mareike hingegen achtet darauf, dass seine Arbeitsbelastung nicht zu hoch wird.

Wenn Du selbst Teams führst, kennst Du vielleicht diese Herausforderung. Menschen reagieren auf Belastungssituationen sehr unterschiedlich. Häufig kommen verschiedene Faktoren zusammen – berufliche und private Auslöser können sich vermischen. Manche Menschen verlieren die Motivation oder gehen in die innere Kündigung, andere erkranken und fallen aus. Als Führungskraft wirst Du an Deinen Zielen gemessen. Um die Ziele zu erreichen, brauchst Du das Engagement der Menschen, mit denen Du zusammenarbeitest. Wie kannst Du sowohl einfühlsam die Interessen Deiner Teammitglieder im Blick behalten als auch die Ziele, die Du für Dein Unternehmen erreichen sollst?

Geht das überhaupt – widerspricht sich das nicht? Solltest Du Dich nicht lieber als erfolgreiche Führungskraft über die Befindlichkeiten Deiner einzelnen Teammitglieder hinwegsetzen, damit Du Dich auf das konzentrieren kannst, wofür Du bezahlt wirst: großartige Ergebnisse?

Schauen wir uns dazu das Modell CARING PERFORMANCE von Rasmus Hougaard an.[2]

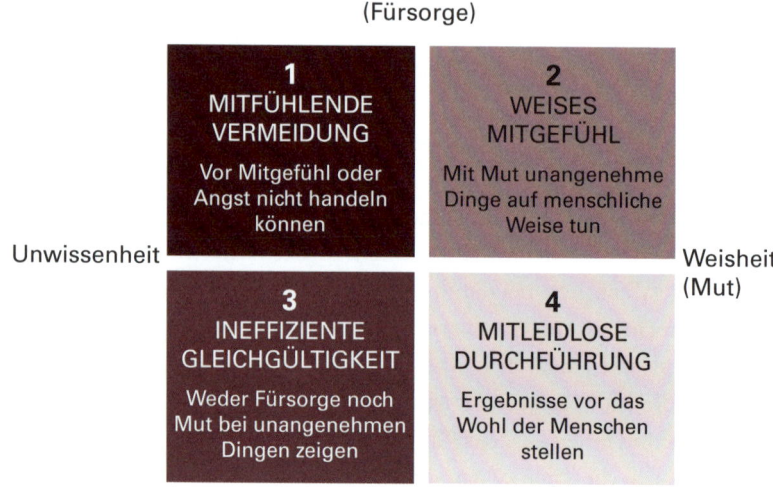

Abbildung 9: Modell Caring Performance (Rasmus Hougaard)

Das Modell CARING PERFORMANCE beschreibt in vier Quadranten Führungsverhalten mit unterschiedlichen Ausprägungen. Es zeigt auf, inwiefern Mitgefühl und Weisheit miteinander in Verbindung stehen. Unter dem Begriff Mitgefühl wird Fürsorge, Empathie und Anteilnahme verstanden – auf Englisch *care*. Unter dem Begriff Weisheit wird Führungskompetenz, Mut und strategischer Weitblick verstanden – auf Englisch *wisdom*.

Es gibt zwei Achsen in diesem Modell. Die vertikale Achse bewegt sich von Gleichgültigkeit (geringer Fürsorge) zu Mitgefühl (hoher Fürsorge). Die horizontale Achse erstreckt sich von Unwissenheit (wenig Führungswissen) zu Weisheit (Mut oder viel Führungswissen).

Um es gleich vorwegzunehmen: Das Führungsverhalten in Quadrant 2 ist das Ziel.

Hier lieferst Du als Führungskraft beste Ergebnisse UND begegnest Deinen Teammitgliedern mutig, offen, transparent und einfühlsam. Gleichzeitig. Mit einer inneren SOWOHL-ALS AUCH-HALTUNG. Wenn

Du unangenehme Dinge tun musst, wie negative Rückmeldungen zu geben, Entscheidungen zu treffen, die andere enttäuschen werden, Mitarbeitende nicht zu befördern, sie nicht weiter in Deinem Team einsetzen zu können oder sie entlassen zu müssen – also all das, was zu Deiner Rolle als Führungskraft gehört: Dann tust Du es so, dass die Menschen Dein Vorgehen akzeptieren können und neue Perspektiven für sich sehen. Nach Hougaards Definition entsteht wahre Fürsorge durch die Kombination von Einfühlungsvermögen und Handeln.[3] Das ist wichtig zu verstehen, denn nur Mitgefühl als solches führt noch nicht zu einer Veränderung. Erst dann, wenn Du als Führungskraft idealerweise gemeinsam mit Deinem Teammitglied Perspektiven skizzierst, zu Lösungsfindungen ermutigst, eigenes Nachdenken und Handeln anregst, konkrete nächste Schritte aufzeigst: Erst dann kann sich Dein Teammitglied aus der schwierigen Situation befreien und neu loslegen.

Das Verhalten der Führungskraft Mareike gegenüber Georg fällt in den Quadrant 2 – Caring Performance. Mareike hat sich sowohl menschlich als auch als disziplinarische Führungskraft dafür eingesetzt, Georg zu erreichen und eine gute Lösung für seinen weiteren Weg zu finden. Sie hat Anteilnahme, Feingefühl und Engagement im Kontakt mit ihm bewiesen (*high care*), als sie ihm Briefe schrieb und die anschließenden Gespräche gemeinsam mit seiner Betreuerin führte. Gleichzeitig hat sie ihr Ziel verfolgt, Georgs Arbeitsfähigkeit in einer Fachgruppe mit neuen Kollegen und neuen Aufgaben wiederherzustellen und zu erhalten – unterstützt von einer betrieblichen Wiedereingliederungsmaßnahme (*high wisdom*). Die Forschung zeigt, dass Mitarbeitende mit einer einfühlsamen und kompetenten Führungskraft eine signifikant höhere Arbeitszufriedenheit aufweisen, sich deutlich engagierter für ihren Arbeitgeber einsetzen und sich insgesamt glücklicher fühlen.[5]

Wäre Mareike das Schicksal von Georg egal gewesen, hätte sie sich nicht für ihn interessiert und keine Perspektive für ihn gesucht. Sie hätte mit der Personalabteilung ihres Unternehmens eine Kündigung und eine Neubesetzung prüfen können, ohne in Erfahrung zu bringen, welche Faktoren eine Wiedereingliederung ermöglichen würden. Sie hätte ihn auch gedanklich von ihrer Mitarbeiterliste streichen und sich auf ihr anspruchsvolles Tagesgeschäft konzentrieren können, um ihre Ziele mit einer Person weniger zu erreichen. Ein solches Verhalten ist nicht selten und geschieht auch häufig nicht in böser Absicht.

Die Konzentration auf Ergebnisse ohne Rücksicht auf die Teammitglieder entspricht dem Führungsverhalten in Quadrant 4 – Mitleidlose Durchführung. In Quadrant 4 haben Führungskräfte zwar den Mut und die Offenheit, Dinge anzugehen und durchzuführen, aber sie setzen sich dabei über das Wohlergehen ihrer Teammitglieder hinweg. Für diese Dynamik kann es viele Gründe geben: es kostet zu viel Zeit, sie wissen nicht, wie sie diese Themen zwischenmenschlich und professionell lösen können oder es macht ihnen Angst, sich mit eigenen oder fremden Gefühlen auseinanderzusetzen[4]. Der Führungsstil in Quadrant 4 entspricht dem alten *Command & Control* Stil, und es ist noch nicht so lange her, dass er in Managementkreisen als besonders effektiv gepriesen wurde.

In Quadrant 3 hingegen, der ineffizienten Gleichgültigkeit, erzielen Führungskräfte weder Ergebnisse noch interessieren sie sich für ihre Teammitglieder. Bei ehrlicher Betrachtung finden wir uns alle ab und zu in Quadrant 3 wieder. Das geschieht typischerweise immer dann, wenn wir zu beschäftigt sind, unter Druck stehen oder unseren unbewussten Vorurteilen erliegen. Die Folge sind fehlendes Mitgefühl im Miteinander und fehlende Effizienz unser Tätigkeiten. Es kommt einfach manchmal vor, dass wir bewusst oder unbewusst sowohl desinteressiert als auch unprofessionell agieren. Mitarbeitende werden diesen Führungsstil allerdings nicht lange mitmachen und sich so bald wie möglich neue Perspektiven suchen. Denn: In diesem Quadranten macht ihnen weder die Arbeit Spaß noch können sie sich beruflich oder persönlich weiterentwickeln.

In Quadrant 1 entwickeln Führungskräfte so viel Mitgefühl für ihre Mitarbeitenden, dass sie die unangenehmen Seiten ihrer Rolle lieber ausblenden. Sie vermeiden aus Scheu vor emotionalen Reaktionen ein offenes Gespräch oder klare Ansagen über unangenehme Themen wie negative Rückmeldung oder die Delegation unattraktiver Tätigkeiten. In Situationen von Umstrukturierungen bringen sie es nicht übers Herz, klar zu kommunizieren, für wen sie welche zukünftigen Perspektiven außerhalb der bisherigen Strukturen sehen. Klar ist, dass sie aus diesem Quadranten heraus nicht effektiv führen können. Das vermeintliche Mitgefühl für die Mitarbeitenden ist bei genauerer Betrachtung eine verpasste Chance für inneres Wachstum und wird von Mitarbeitenden folgerichtig intuitiv schlecht bewertet. Der Arbeitgeber ist auch nicht zufrieden, denn Ergebnisse und Durchführungskraft sind schwach.

Es läuft darauf hinaus, dass Du Dich als Führungskraft in den Quadranten 2 hinein entwickeln solltest. Denn hier zeigst Du sowohl ein ausgeprägtes Gespür für Deine Teammitglieder als auch eine hohe Kompetenz, Ergebnisse und Ziele gemeinsam mit Deinem Team zu erreichen. Die Zoom Hacks helfen Dir auf dem Weg in Quadrant 2.

ZOOM HACKS

Unklare Botschaften, fehlende Transparenz, Gleichgültigkeit oder Desinteresse an den Menschen in Deinem Team: So wirst Du das Vertrauen in Dich als Führungskraft verlieren und Dein Team wird nicht mehr mit Dir zusammenarbeiten wollen. Wenn Du es jedoch schaffst, Dich sowohl menschlich und disziplinarisch für Dein Team einzusetzen als auch das Engagement für anspruchsvolle Ziele hochzuhalten, dann bist Du ein *Caring Performer* – eine Führungskraft, die beste Ergebnisse und höchste Mitarbeiterzufriedenheit erreichen wird. Diese Zoom Hacks unterstützen Dich bei der Umsetzung:

✓ **Sei physisch und mental präsent:**
Wenn Du Dich aufmerksam und innerlich unvoreingenommen auf den jeweiligen Menschen im Gespräch oder im Meeting einstellen kannst, sorgst Du dafür, dass Dein Gegenüber sich gesehen und gehört fühlt. Versuche richtig zuzuhören und zu erfassen, worum es dem anderen geht – ohne der Versuchung zu erliegen, Deine Vorannahmen bestätigt zu sehen.

✓ **Wachse und sei so mutig, die Komfortzone zu verlassen:**
Wachstum findet außerhalb der Komfortzone statt – nicht nur das der anderen, sondern auch Deins als Führungskraft. Nimm Dir deswegen vor, mindestens ein Mal am Tag bewusst die Komfortzone zu verlassen und tue etwas, das Du gern vermieden hättest. Suche das schwierige Gespräch zu einer verbesserungswürdigen Performance, gib konstruktiv kritisches Feedback, das den anderen weiterbringt, formuliere Deine Erwartungen, die noch nicht erfüllt werden, und erarbeite mit Deinem Gegenüber, wie sie zu erreichen sind.

✓ **Sei in Deiner Botschaft offen und direkt:**
Beschönige keine schlechten Nachrichten und komme zügig auf den Punkt. Entwickele mit Deinem Gegenüber Strategien und nächste Schritte für die Weiterentwicklung. Einfühlungsvermögen für die Situation des anderen ist das eine, klare Vorstellungen für daraus folgende Handlungen das andere. Nur in Kombination sind diese Ansätze für Deine Teammitglieder hilfreich.

✓ **Sei gegenüber Deinem Team klar und wertschätzend:**
Sprich klar und deutlich über das, was Du weißt. Sage es mehrfach. Gerade in Zeiten hoher Ungewissheit und eines hohen Informationsbedarfs ist es wichtig, durch regelmäßige und verlässliche Botschaften Ruhe in die Situation zu bringen. Gib offen zu, was Du nicht weißt, und versprich, die Information zu liefern, sobald sie Dir vorliegt.

 ZUSAMMENFASSUNG

In diesem Kapitel zum Thema Führen hast Du gesehen, wie unterschiedlich die Erwartungen Deines Teams an Dich als Führungskraft sein können. Manche erwarten von Dir einen partnerschaftlichen Austausch auf Augenhöhe im Prozess für beste Lösungen und Ergebnisse, andere wollen, dass Du allein die Richtung vorgibst, der sie folgen können. Kommunikation und Anpassungsfähigkeit an Personen und Situationen helfen Dir dabei, mit Deinem Team ein gutes Gleichgewicht zu finden. In schwierigen Situationen, in denen Du als Führungskraft harte Entscheidungen fällen musst, wirst Du zum *Caring Performer*, indem Du sowohl Fürsorge für Deine Teammitglieder als auch Entschlussfähigkeit im Sinne Deiner Zielsetzungen zeigst. Fürsorge bedeutet, Deine Teammitglieder mit Deiner Unterstützung im Veränderungsprozess zu neuen Erkenntnissen, Perspektiven und konkreten Schritten zu befähigen.

II.7 ENTSCHEIDEN

Als ich mit Jordi spreche, hat er unruhige Zeiten hinter sich. Er ist Chefarzt der Intensivmedizin eines spanischen Krankenhauses. Sein Team von 16 Ärztinnen und Ärzten aus Spanien, Brasilien und Chile hat er in den letzten Jahren unter großer Anstrengung erweitert – schwierig deshalb, weil Mediziner auf dem weltweiten Arbeitsmarkt knapp sind. Er war sehr froh, Ärztinnen aus Brasilien und Chile für sein Team gewinnen zu können, auch wenn der Prozess der Approbation langwierig war, bis sie endlich als Fachärztinnen in Spanien arbeiten konnten. Er hatte das Gefühl, dass er sich ganz gut eingeschwungen hatte mit seinem Team, als er in einem Gespräch unter vier Augen von seiner brasilianischen Kollegin Elena zur Seite genommen wurde.

Sie äußerte sich zunächst sehr positiv über das Krankenhaus, die Station, die Kollegen und ihn als Chef. Sagte dann aber:»Dir ist schon klar, dass wir alle erfahrene Ärzte sind.«

Jordi war sich nicht sicher, worauf Elena hinauswollte. Fehlte ihr Anerkennung? Aufmerksamkeit?»Natürlich weiß ich das. Ich sage Euch jeden Tag, wie froh ich bin, dass wir ein so starkes Team sind. Warum sagst Du mir das?«, fragte er.

Elena wurde deutlich:»Deine Art, Entscheidungen zu fällen, sollten wir besprechen.«

Das erstaunte Jordi, denn die Entscheidungsprozesse in seinem Team liefen so ab wie in den meisten anderen Teams, die er kannte: Gemeinsam besprach man in den Morgenrunden aktuelle Befunde der Patienten und er als Chefarzt traf anschließend Entscheidungen über medizinische Maßnahmen, die alle zu befolgen hatten. Er trug schließlich die medizinische Verantwortung. Wo war das Problem?

Lass uns zunächst einen Blick auf Meyers Skala ENTSCHEIDEN werfen.[1]

Schweden   Deutschland   USA   Frankreich Türkei   Indien   Nigeria
Japan   Niederlande   Großbritannien Brasilien Italien Russland China
                                                          Marokko   Ukraine

Im Konsens ....→ **Top-down**

Im Konsens: Entscheidungen werden durch einstimmige Einigung in der Gruppe getroffen.

Top-down (Von oben nach unten):   Entscheidungen werden durch Einzelpersonen getroffen (für gewöhnlich durch den Chef).

Quelle: Erin Meyer, Die Culture Map (2018)

Abbildung 10: Entscheidungsfindung

Spanien (hier nicht abgebildet) befindet sich auf der Skala in der Nähe anderer südeuropäischer Kulturen wie Frankreich und Italien in einem Bereich, in dem Entscheidungen eher von oben nach unten getroffen werden. Tendenz Top-down. Der Chef oder die Chefin sagt, wo es lang geht, und das Team folgt den Anweisungen. Brasilien und Chile (hier nicht abgebildet) hingegen sind deutlich mehr in der Mitte der Skala angesiedelt mit der Tendenz, Entscheidungen im Konsens zu treffen. Gemeinsam als Team, nicht allein. Auch wenn der Unterschied zwischen südeuropäischen Kulturen wie Frankreich, Italien (und Spanien) sowie lateinamerikanischen Kulturen wie Brasilien (und Chile) auf der Skala nicht groß aussieht, können ihre gegenläufigen Ausprägungen auf der Skala in der konkreten Zusammenarbeit als deutlich und markant empfunden werden.

Dass sein Team aus erfahrenen Ärzten bestand, die ebenfalls mit guten Gründen ihre Einschätzungen vertreten konnten, war Jordi klar. Er hatte sich allerdings keine Gedanken darüber gemacht, wie es sich anfühlen musste, trotz seiner Expertise nicht aktiv in den Entscheidungsprozess mit einbezogen zu werden. Er selbst hatte es in seiner Karriere nicht anders kennengelernt und daher auch nie hinterfragt, dass Chefs Entscheidungen allein treffen.

Jordi entschloss sich, diesen Punkt mit seinem Team im nächsten Meeting aufzugreifen.

Es stellt sich heraus, dass nicht nur die Kolleginnen aus Brasilien und Chile sich wünschten, Entscheidungen aktiver beeinflussen zu können, sondern auch die spanischen Kollegen suchten mehr Beteiligung.

Als Jordi mir davon erzählt, lehnt er sich zurück und sagt:»So nachvollziehbar! Heute wundere ich mich, dass ich erst darauf gestoßen werden musste. Es macht so einen Unterschied für die Motivation im Team, wenn Du die Expertise Deiner Leute deutlicher hervorhebst und sie stärker einbindest.«

»Was heißt denn das konkret?«, fragte ich ihn.»Trefft Ihr als Team mehrheitlich Entscheidungen über Behandlungsmethoden? Und wenn Du nicht einverstanden bist? Wenn Du die Dinge anders siehst? Was dann?«

»Tatsächlich entscheiden wir jetzt im Team gemeinsam. Es kommt durchaus vor, dass ich manchmal Dinge anders sehe und sie anders entschieden hätte. Aber ich ordne mich in unsere vereinbarte Struktur ein, da ich sehe, dass es insgesamt der richtige Ansatz ist unter so vielen Experten. Es gibt allerdings Ausnahmen. Selten, aber sie kommen vor. Wenn es schnell gehen muss und die Lage lebensbedrohlich ist – dann fälle ich die Entscheidung notfalls auch gegen die Einschätzung meines Teams. Denn ich muss sie medizinisch verantworten.«

Das leuchtete mir ein. Es gibt viele hierarchisch strukturierte Organisationsformen – Krankenhäuser zählen klassisch dazu. Was Krankenhäuser allerdings von anderen hierarchisch organisierten Unternehmen unterscheidet, ist der Faktor Leben oder Tod. Bei Entscheidungen auf der Intensivstation stehen Menschenleben auf dem Spiel. Das ist in nicht-medizinnahen Einrichtungen anders.

»Ich bin sehr froh, dass wir zu diesem kooperativen Ansatz auf Augenhöhe im Team gefunden haben«, erzählt Jordi. »Und Du glaubst nicht, was wir neulich erlebt haben.«

Er strahlte übers ganze Gesicht bei der Erinnerung daran.

»Wir kamen morgens zu unserer gemeinsamen Besprechungsrunde zusammen und besprachen Patienten für Patienten. Im Meeting waren nicht nur die diensthabenden Ärzte, sondern auch die Krankenschwestern und Schwesternhelferinnen auf meiner Station. Gerade mit den Pflegekräften verbindet mich eine enge Beziehung, wir arbeiten seit 20 Jahren täglich zusammen. Sie sind diejenigen, die physisch und mental am nächsten an den Patienten dran sind, sie verbringen von uns die meiste Zeit mit ihnen in der Versorgung. Kurze Zeit vorher war ein Patient eingeliefert worden, dessen Befund noch sehr unklar war. Wir hatten verschiedene Tests veranlasst und warteten teilweise noch auf Ergebnisse. Ich fragte reihum nach den Einschätzungen, die Ärzte äußerten verschiedene Vermutungen und schlugen Behandlungsformen vor. Schließlich war Luisa an der Reihe, eine erfahrene Schwesternhelferin. »Das sieht mir nach einem Pneumothorax aus«, sagte sie. Ein Pneumothorax? Dieses Bild sehen wir auf Station eher selten und die Vermutung hatte bislang niemand geäußert. Wir gingen der Sache nach – und Luisa hatte recht. Das war ein toller Moment für das ganze Team, es hat unseren Zusammenhalt noch mal gestärkt.«

Jordi legte seine Stirn plötzlich in tiefe Falten.

»Weißt Du, es hatte sich also alles so gut eingespielt – dann kam die Pandemie. Wir sind als Team immer noch dabei, uns von den Erschütterungen dieses Extremzustandes zu erholen.«

Dass die Pandemie medizinisches Personal an seine Grenzen gebracht und weit darüber hinaus strapaziert hatte, das hatte ich gehört, auch wenn mir bislang noch niemand persönlich von seiner Erfahrung in der Zeit als medizinisch Verantwortlicher erzählt hatte.

»Unseren erarbeiteten, so gut funktionierenden Ansatz, Entscheidungen gemeinsam als Team zu treffen, musste ich schweren Herzens über Bord werfen. In Abstimmung mit den umliegenden Krankenhäusern hatten wir uns darauf geeinigt, dass meine Intensivstation exklusiv Covid-Patienten behandelt und dass andere intensivmedizinische Fälle von den anderen Krankenhäusern versorgt werden. Das war für alle besser, so konnten wir Kapazitäten bündeln. Allerdings glaube ich nicht, dass man sich vorstellen kann, was unsere Arbeit auf Station bedeutete, wenn man es nicht selbst erlebt hat. Ich fühlte mich wie in einem Horrorfilm. Plötzlich bricht eine Pandemie aus und wir sind mit einem Virus konfrontiert, das wir noch nicht kennen und einschätzen können. Noch gibt es keine bewährten Behandlungsmethoden, keine Medikamente, keine Impfungen. Wir wissen nicht, was wir den Patienten und Angehörigen sagen sollen. Viele Menschen sterben, nicht nur geschwächte und vorbelastete, auch junge. Ärzte und Pflegekräfte haben Sorge, sich anzustecken und ebenfalls zu erkranken. Es ging die ganze Zeit um Leben und Tod.

Ich habe meinem Team gesagt, dass ich die alleinige Verantwortung übernehme und alle Entscheidungen selbst treffe. Wir hatten damit keine morgendlichen Besprechungsrunden mehr, in denen jeder seine Einschätzung mitteilen konnte. Dafür hatten wir auch gar keine Zeit. Gefühlt haben wir rund um die Uhr gearbeitet. Wenn ich zuhause war, konnte ich mich ebenfalls mit nichts anderem mehr beschäftigen. Ich rief andere Ärzte an, wir tauschten Wissen und Erfahrungen aus, recherchierten, informierten uns, versuchten alles, um besser zu verstehen, was passiert. Mein Team war einerseits entlastet. Die ganze Verantwortung lag bei mir. Andererseits fühlte sich keiner von uns gut damit. Es war eine wahnsinnige Zeit. Mit den Monaten und der gewonnenen Erfahrung wurde es allmählich besser. Es schaudert mich immer noch, wenn ich daran denke. Und auch wenn heute unsere Station wieder für alle Patienten geöffnet ist und wir unsere morgendlichen Besprechungen durchführen, haben die extremen Zeiten der letzten Jahre tiefe Spuren hinterlassen.«

Ich fand es sehr nachvollziehbar, was Jordi erzählte. Die Pandemie und ihre Folgen für die Zusammenarbeit in Teams werfen in den meisten Unternehmen, mit denen ich zusammenarbeite, Fragen auf. Häufig liegen diese Themen auf unterschiedlichen Ebenen. Sie können Aspekte der organisationalen Strukturen betreffen: Wie balancieren wir Home-Office und Präsenzzeiten vor Ort aus? Welche Meetings können online stattfinden, welche nicht? Wie soll das Onboarding für neue Mitarbeitende aussehen?

Oder die Themen befinden sich auf atmosphärischer Ebene und zeigen sich in tiefen Gräben, die auch heute noch zu Spaltungen führen. In der Pandemie teilte sich die Gesellschaft in freiwillig Geimpfte und freiwillig oder unfreiwillig Ungeimpfte. Die verschiedenen Lockdowns brachten manche Menschen in schwierige seelische Notlagen, vor allem die vielen Kinder und Jugendlichen in unserem Land. Die anschließenden 2- und 3-G-Regeln führten zum Ausschluss derjenigen, die diese Vorgaben nicht erfüllten. Starke emotionale Reaktionen waren die Folge, Meinungen standen häufig unversöhnlich nebeneinander. Auch wenn diejenigen von uns, die nicht mit Long-Covid zu kämpfen haben, die Corona-Pandemie gesundheitlich überwunden haben, sind deswegen noch nicht alle erfahrenen körperlichen und seelischen Wunden geheilt. Vielleicht spürst auch Du als Führungskraft in Deinem Team noch die Folgen dieser Zeit. Wenn das so ist: Was kannst Du tun?

Das Beste ist, Dich mit dem Blick nach vorn mit Deinem Team zusammenzusetzen und die Vorstellungen der Zusammenarbeit zu besprechen. Du wirst eine gewisse Flexibilität brauchen, um auf die unterschiedlichen Bedürfnisse der einzelnen gut eingehen zu können und gleichzeitig starke Ergebnisse im Team zu erzielen. Wie Du im Abschnitt zu CARING PERFORMANCE in Kapitel II.7 sowie in den Ausführungen zum SCARF-Modell in den Kapiteln II.1 – II.5 gesehen hast, liegt der beste Weg darin, wertschätzende Beziehungen zu Deinen Teammitgliedern einzugehen, so dass individuelle Vorstellungen Platz haben und geäußert werden. Das sind die wichtigsten Voraussetzungen für Motivation und Leistungsbereitschaft.

Im Fall von Jordis Intensivstation kommt noch ein weiterer Aspekt dazu: Die Flexibilität, auf plötzlich veränderte äußere Rahmenbedingungen eingehen zu können. Das nennt man auch situatives Führen. Extreme Situationen erfordern andere Herangehensweisen. So stellte Jordi den

Entscheidungsprozess während des Ausnahmezustandes der Pandemie von kooperativ auf direktiv um. Sobald es die Situation wieder zuließ, fand er mit seinem Team zu der Vereinbarung zurück, unter normalen Umständen Entscheidungen im Konsens zu treffen.

DEIN TRANSFER IN DIE PRAXIS

MOTIVIERE DURCH BETEILIGUNG

Sowohl Entscheidungen, die vom Team gemeinschaftlich getroffen werden als auch solche, die von der Führungskraft ohne Einbeziehung des Teams gefällt werden, können in der Praxis hochgradig wirksam sein. Manchmal entscheiden die besonderen Rahmenbedingungen einer Situation, welche Herangehensweise angemessener ist. Teammitglieder globaler Teams stellen häufig bestimmte Erwartungen an ihre Vorgesetzten, die ihrer jeweiligen Sozialisierung entsprechen. Meistens geschieht das intuitiv und unbewusst. Emotionale Reaktionen in Form von Widerständen und Abwehr können die Folge sein, wenn von den eigenen kulturellen Prägungen abgewichen und diesen speziellen Erwartungen nicht entsprochen wird. Diese Hacks können Dir helfen, unterschiedliche Erwartungen an Dich als Führungskraft im Entscheidungsprozess zu handhaben:

Wenn Du ein Team führst, das Entscheidungen eher gemeinschaftlich fällt:

✓ **Stelle Dich auf etwas längere Entscheidungsprozesse ein.**
Du wirst im Team auf viele Einschätzungen treffen. Manche kommen von Experten und sehr erfahrenen Teammitgliedern, andere Mitarbeitende sind vielleicht noch nicht lange dabei oder neu im Thema. Jeder von ihnen wünscht sich, gehört und beachtet zu werden. Das braucht Zeit. Du brauchst Geduld.

✓ **Sorge für eine gute Beziehung zwischen Deinem Team und Dir.**
Du hast es in den vorherigen Kapitel zum SCARF-Modell gesehen: Menschen brauchen einen sicheren Raum, um sich im Job

angstfrei zu engagieren. Der sichere Raum entsteht durch einen achtsamen und interessierten Kontakt zwischen Dir und dem individuellen Menschen in Deinem Team. Das ist die Basis für jegliche Zusammenarbeit und Weiterentwicklung.

✓ **Stelle sicher, dass alle Beteiligten die erforderlichen Informationen haben.**
Kommunikation wird viel zu häufig unterschätzt. Manchmal sind Deinem Team die Dinge noch nicht klar, auch wenn Du meinst, sie bereits mehrfach erläutert zu haben. Als Führungskraft ist es Deine Aufgabe, den Gesamtzusammenhang der einzelnen Bestandteile aufzuzeigen. Erst dann kann Dein Team im Einzelnen entscheiden, wie es weiter vorgehen möchte.

Wenn Du ein Team führst, in dem Du als Führungskraft die Entscheidungen fällen sollst:

✓ **Sei Dir der Erwartungen an Dich als Führungskraft bewusst.**
Manche Kulturen erwarten von ihrer Führungskraft, dass sie auf der Basis aller verfügbaren Informationen Entscheidungen weitsichtig und alleinverantwortlich trifft. Wenn Du ein solches Team führst, solltest Du trotzdem dafür sorgen, dass Deine Entscheidungen für jedes Teammitglied sinnvoll und nachvollziehbar sind.

✓ **Sprich mit denen, deren Input nicht berücksichtigt werden konnte.**
Deine Entscheidungen werden es nicht immer jedem im Team recht machen können. Würdige trotzdem anderslautende Ideen und Vorschläge, um die Motivation für Engagement in Deinem Team hochzuhalten.

✓ **Höre Dir die Einschätzungen des Teams an und triff Entscheidungen zügig.**
Wenn Du zu lange überlegst oder zu aufwendig verschiedene Optionen abwägst, kann das auf Dein Team unsicher und unsouverän wirken. Das solltest Du unbedingt vermeiden.

Wenn Du ein kulturell gemischtes Team führst:

✓ **Vereinbare die Grundlage für Entscheidungsfindungen.**
In gemischten Teams werden Persönlichkeiten sein, die auf Entscheidungen aktiv einwirken wollen, und andere, die nach einem kurzen Austausch von Ideen von Dir erwarten, dass Du die beste Entscheidung allein fällst und Verantwortung übernimmst. Sprecht im Team darüber, welche Herangehensweise für das Team die beste ist, um Motivation und Engagement hochzuhalten.

✓ **Einigt Euch über den letzten Schritt des Entscheidungsprozesses.**
Kläre die Eckdaten für die Beteiligung an Entscheidungen: Wer fällt nach dem Gedankenaustausch die Entscheidung – das Team oder Du als Führungskraft? Wenn das Team entscheiden kann: Sollen Entscheidungen einstimmig getroffen werden oder mehrheitlich? Was passiert in Patt-Situationen? Für welche Situationen gilt die Beteiligungsoption, für welche nicht?

✓ **Definiere Sondersituationen.**
Es wird Situationen geben, in denen Du als Führungskraft das letzte Wort hast. Welche Situationen sind das konkret? Welches konkrete Verhalten erwartest Du von Deinem Team, wenn Du die Entscheidung im Alleingang getroffen hast? Welches Verhalten möchtest Du auf keinen Fall sehen?

EFFECTUATION MODELL

Jordis Beispiel aus dem Krankenhaus hat gezeigt, auf welche unterschiedliche Art Entscheidungen in Teams getroffen werden können. In diesem Vertiefungsabschnitt möchte ich Dir ein Modell vorstellen, das Dir eine völlig neue Herangehensweise an Entscheidungen vermitteln wird. Dieses Modell eignet sich besonders gut, wenn Du Entscheidungen für Deine Zukunft treffen willst, für Deine eigene berufliche Entwicklung. Vielleicht stellst Du Dir einen weiteren Karriereschritt vor oder möchtest Dich beruflich neu aufstellen. Das Modell ist ungewöhnlich – weltweit renommiert und erforscht, aber dennoch vielen Menschen nicht bekannt. Es funktioniert fast intuitiv.

Die junge Forscherin mit indischen Wurzeln, Saras Sarasvathy, stellte 2001 mit ihren Erkenntnissen alles auf den Kopf, was bislang in klassischen Managementtheorien gelehrt worden war.[2] Sarasvathy, heute Professorin für Entrepreneurship an der University of Virginia, forscht zum Thema Unternehmertum. Anders als bislang angenommen, fand sie heraus, dass erfolgreiche Unternehmerinnen weltweit nicht durch komplexe Businesspläne, Marktforschung und Absatzprognosen erfolgreich werden. Sondern dadurch, dass sie – meist unbewusst – in Situationen mit hoher Ungewissheit Raum für Unvorhersehbares schaffen. Sie zeichnen sich also durch eine besondere innere Haltung aus. Sarasvathy gelang es, ein Muster ihrer Entscheidungslogik zu identifizieren. Diese Entscheidungslogik nennt sie »Effectuation« – ein Kunstwort, das unternehmerisches Denken und Handeln beschreibt. Die Entscheidungslogik setzt darauf, dass die Zukunft nicht vorhersehbar ist. Deshalb spielen vergangenheitsbezogene Daten und Prognosen für künftige Entwicklung in der unternehmerischen Herangehensweise keine Rolle. Stattdessen stehen die eigene Handlungsfähigkeit, basierend auf den eigenen verfügbaren Mitteln, im Vordergrund sowie *Co-Creation* mit anderen, die sich zufällig ergeben kann. Die Herangehensweise von Effectuation besteht aus vier Prinzipien. Diese sind, einfach gesagt: Loslegen, Risiko begrenzen, mit dem Zufall kooperieren und Partnerschaften aushandeln.[3]

Bemerkenswert und deutlich anders als alles, was wir bislang zum Thema Unternehmertum oder Gestaltung der eigenen beruflichen Entwicklung gehört haben, ist, dass hier der Zufall eine besondere Rolle spielt. Das Phänomen Zufall ist faszinierend – auch in Deinem Leben. Nimm Dir einen Moment Zeit und betrachte ein paar zentrale Elemente Deines Lebens. Schau Dir an, wo Du gerade lebst, wer sich in Deinem engsten Umfeld befindet, welchen Aufgaben Du gerade nachgehst. Und überlege Dir, wie häufig der Zufall oder Schicksal, Fügung, Glück – wie auch immer Du es nennst – in Deinem Leben dazu beigetragen haben, dass die Dinge genau so sind, wie sie gerade sind. Das ist doch erstaunlich, oder? Diese Erkenntnis entspricht der Lebenserfahrung von uns allen – nur war sie bislang nicht Teil einer offiziellen Strategie, um erfolgreich vorwärtszukommen. Lass uns anhand eines konkreten Beispiels Schritt für Schritt nachvollziehen, wie das Effectuation-Modell in der Praxis funktioniert.

Als ich Giulia nach langer Zeit wiedersehe, ist sie in einer desolaten Situation. Nach 20 Jahren erwerbsfreier Zeit, in der sie drei Kinder großzog, ging die Ehe auseinander. Nun braucht sie einen gut bezahlten Job. Sie ist Italienerin, Mitte Fünfzig. Ihre mündlichen Deutschkenntnisse beschränken sich auf Alltagssituationen mit Kindern: Spielplatz, Elternabend, Sport. Schriftlich ist sie komplett ungeübt. Das erschwert die Lage für die Jobsuche, wie Du Dir vorstellen kannst. Von Beruf ist Giulia Architektin mit ein paar Jahren praktischer Erfahrung für Bauvorhaben in Rom. Da war sie Mitte Dreißig. Sie habe noch gelernt, von Hand zu zeichnen, sagt sie etwas verzweifelt. Mit den jetzt gängigen Softwareprogrammen kennt sie sich nicht aus. Ich stelle ihr die Effectuation-Methode vor.

Das erste Prinzip: Mittelorientierung (statt Zielorientierung)

In der Mittelorientierung schaut man sich an, welche Mittel für Unternehmungen bereits zur Verfügung stehen. Bezogen auf die berufliche Entwicklung bedeutet das: Welche Eigenschaften, Kenntnisse, Erfahrungen und Interessen habe ich? Anders ausgedrückt: Wer bin ich? Was kann ich? Was will ich?

Im übertragenen Sinne kannst Du es Dir so vorstellen. Du hast Hunger und möchtest etwas kochen. Du öffnest den Kühlschrank und schaust Dir an, was Du vorfindest. Daraus kochst Du eine Mahlzeit. Das ist Mittelorientierung. Du kochst auf der Basis der verfügbaren Zutaten. Du legst sofort los. Du kannst eine halbe Stunde später bereits essen.

In der kausalen Logik hingegen, der klassischen Managementlogik, identifizierst Du zunächst ein mögliches Ziel für Deine Unternehmungen und fragst: Was möchte ich erreichen? Wo will ich hin? Weiterbildungen, Umschulungen, Investitionen, Businesspläne, Marktforschungsanalysen, Datenerhebungen könnten die nächsten Schritte sein. Bezogen auf das Kochen bedeutet die kausale Logik: Welches Gericht möchte ich kochen, was muss ich dafür einkaufen? Du musst erst einmal einkaufen gehen – es kann also dauern, bis Du satt wirst. Vorausgesetzt, Du findest überhaupt alle Zutaten im Supermarkt, die Du für Dein Wunschgericht brauchst. Giulia prüft ihre Fähigkeiten, Kenntnisse und Interessen. Sie hatte bereits vor einiger Zeit angefangen, sich darüber Gedanken zu machen. Privat war sie mit den Themen Energiearbeit, Yoga und Homöopathie in Berührung gekommen. Aber nach genauerer Betrachtung in Form von Informationsveranstaltungen, einer Hospitanz bei einem Heilpraktiker und vielen Gesprächen mit anderen Menschen aus dem Umfeld kam sie zu dem Schluss, dass sie diese Interessen nicht beruflich vertiefen möchte. Stattdessen wird ihr klar, dass sie am liebsten im Bereich Architektur, Innenarchitektur oder Bauplanung wieder aktiv werden möchte. Trotz der langen Pause. Sie möchte sich also nicht auf eine neue berufliche Laufbahn einlassen, zum Beispiel als Heilpraktikerin – das wäre die Logik der Zielorientierung. Sie möchte in den Bereich Architektur / Bau zurückkehren. Auf der Basis dieser Erkenntnis geht sie den nächsten Schritt im Effectuation Modell.

Das zweite Prinzip: Der leistbare Verlust bzw. Invest (statt erwartbarer Ertrag)

Anders als vielleicht vermutet, zeichnen sich erfolgreiche Unternehmerinnen nicht durch eine erhöhte Risikobereitschaft aus. Sie setzen bewusst nicht alles auf eine Karte. Stattdessen setzen sie nur so viel aufs Spiel, wie sie im Falle eines Scheiterns existenziell verkraften können. Falls ihr aktueller Plan also nicht aufgeht, würde ihnen das nicht gleich die Lebensgrundlage entziehen.

Giulia entschließt sich, bei der Architekten- und Stadtplanerkammer Fachseminare zu buchen, um nach der langen Auszeit ihren Kenntnisstand zu aktualisieren. Die Kosten dafür ist sie bereit zu investieren, auch wenn die Kurse keine Garantie bedeuten, dass sie sich erfolgreich auf dem Markt als Berufsrückkehrerin platzieren kann.

Der leistbare Invest muss nicht immer in finanzieller Form erfolgen. Du kannst auch, um eine berufliche Option für Dich näher zu erschließen, einen Invest leisten in Form von aufgewendeter Zeit (für Recherche, Gespräche, ein Praktikum), geistiger oder physischer Kapazität, Kreativität oder vorübergehend vermindertem Lebensstandard (weil Du in der Zeit auf bestimmte Dinge verzichtest). Auch Giulia investiert mehr als nur Kursgebühren: Sie macht die Teilnahme zeitlich möglich, widmet sich dem Lernstoff oft an Abenden und Wochenenden, verzichtet dabei eine Zeitlang auf Verabredungen mit ihren Freunden und bittet ihre Kinder, drei Mal am Tag den Hund auszuführen.

Das dritte Prinzip: Umstände und Zufälle nutzen (statt vermeiden)

Am Anfang ist es Giulia unangenehm. Sie möchte am liebsten nicht über ihre Situation mit anderen sprechen. Die Tatsache, dass sie einen Job braucht, ist für sie mit dem Ende ihrer Ehe verbunden – ein schwieriges Kapitel. Außerdem scheut sie die verwunderten Fragen, wie sie denn als Italienerin mit mittelmäßigen Deutschkenntnissen nach so langer Auszeit allen Ernstes glauben könnte, als Architektin neu durchstarten zu können. Wir kennen das. Das Umfeld reagiert nicht immer sensibel. Wenn wir uns ohnehin angezählt oder verunsichert fühlen, sind wir empfindlich. Ich ermutige sie dennoch, mit jedem über ihre Situation zu sprechen, den sie trifft. Netzwerken ist alles – wer nicht sichtbar ist, kann nicht gefunden werden.

Eines Abends ruft sie mich an.»Du glaubst nicht, was mir passiert ist«, sagt sie.»Ich habe letzte Woche ein paar Wäschestücke in die Reinigung gebracht. Die Chefin kennt mich schon seit Jahren. Ab und zu unterhalten wir uns – nichts Besonderes. Sie fragte mich, wie es mir geht – sie habe mich so lange nicht gesehen. Ich sprang über meinen Schatten und erzählte ihr, dass ich in einer schwierigen Situation bin, dass ich einen Job brauche, mein Mann nicht mehr da ist und ich mir viele Gedanken mache, wie es jetzt weitergehen soll. Plötzlich sagte sie: Kommen Sie nächste Woche wieder, dann habe ich eine Telefonnummer für Sie. Ich habe mir nichts dabei gedacht und hatte es fast wieder vergessen. Aber als ich meine Wäsche abholte, gab sie mir einen Zettel mit einer Telefonnummer und sagte, ich solle mich dort melden. Das sei ein Kunde von ihr. Er würde ein kommunales Bauprojekt leiten und müsse sein Team aufstocken. Tatsächlich rief ich ihn an. Wir tauschten uns kurz aus und vereinbarten einen Gesprächstermin in seinem Büro. Ein Kollege von ihm war dabei. Stell Dir vor! Wir haben lange gesprochen. Sie würden mich in dem Projekt gern einsetzen! Sie brauchen jemanden, der Pläne lesen kann und der die Handwerker und Techniker der verschiedenen Gewerke steuern kann. Dafür muss man nicht fehlerfrei Deutsch sprechen und schreiben können. Sie haben Mühe, eine passende

Person zu finden, Architekten wollen diese Aufgabe meist nicht übernehmen, aber genau so jemanden suchen sie. Die Stelle ist zwar befristet, aber für mich ist es perfekt!«

Ein unglaublicher Zufall. Die Chefin der Reinigung unterhält sich mit ihren Kunden und hört zu, was diese erzählen. Der eine muss sein Team aufstocken und findet keine Leute, die andere muss ihr Leben neu organisieren. Die Chefin verbindet die zwei mit einer Telefonnummer. Es hätte auch nicht passen können. Aber es hat zufällig gepasst. Allerdings nur, weil alle Beteiligten offen und aufmerksam waren. Und sich vollkommen erwartungsfrei auf ein Gespräch eingelassen haben.

Die kausale Managementtheorie kann Zufällen nichts abgewinnen. Schließlich geht es bei ihr darum, unter allen Umständen ein bestimmtes Ziel zu erreichen. Das geht nur mit Fokus und Konzentration. Das bedeutet, äußere Reize und Ablenkungen so weit wie möglich auszuschalten – Zufälle und Unvorhergesehenes werden als Störung empfunden.

Menschen, die nach der Effectuation-Methode handeln, bleiben gelassen, wenn Überraschendes ihre Pläne durchkreuzt. Denn sie verstehen ihre Ziele als veränderbar. Daher suchen sie nach einem Weg, die neue Situation bestmöglich für sich zu nutzen.

Das vierte Prinzip: Partnerschaften und Vereinbarungen (statt Konkurrenz)

In einem ihrer Seminare über nachhaltige Baustoffe an der Architektenkammer lernt Giulia eine Innenarchitektin kennen. Diese ist seit vielen Jahren selbständig und lädt Giulia zu Netzwerktreffen in ihr Studio ein. Gemeinsam mit anderen Innenarchitekten tauschen sie sich zu Ideen und Entwürfen aus, gehen zusammen auf Messen oder in Ausstellungen, bereichern sich mit kreativen Impulsen und besprechen Projekte. Nach und nach wird Giulia klar, dass sie zukünftig in diesem Bereich Fuß fassen will. Als ihr befristeter Arbeitsvertrag ausläuft, ergibt sich eine neue Chance auf eine Projektmitarbeit: Sanierung eines Boutique Hotels. Dort ist sie im Moment tätig. Inzwischen ist sie in der Szene gut vernetzt. Sie schaut optimistisch in die Zukunft: Sie hat eine Tätigkeit gefunden, die sie professionell fordert und mit großer Zufriedenheit erfüllt.

Menschen, die auf die Effectuation-Methode setzen, fangen früh an, sich für Partnerschaften und Netzwerke zu interessieren. Sehr viel früher als klar ist, ob sie diese eines Tages konkret brauchen oder nicht.

Um solchen Partnerschaften mit der Zeit eine gewisse Verbindlichkeit zu verleihen, werden Vereinbarungen getroffen. Die Beteiligten geben an, ob sie Ideen, Know-how, Kontakte, Geld, Zeit, Dienstleistungen, Betriebsmittel oder Räumlichkeiten zur Verfügung stellen können. Die klassische Unternehmerlogik dagegen befürchtet in anderen eher Konkurrenz. Wie sind die anderen aufgestellt, was bedeutet das für unsere Positionierung?

Im Gegensatz dazu beruht die Effectuation-Logik auf dem Gedanken der *Co-Creation*. Gemeinsam lassen sich neue Dinge entwickeln, die in dieser Ausprägung und Originalität allein niemals so entstanden wären.

CHOOSE YOUR TARGET

OBSESS OVER ONE THING

BE OPEN TO CHANGE

ZOOM HACKS

Die Forscherin Saras Sarasvathy hat nachgewiesen, dass erfolgreiches Handeln in unsicheren Zeiten nichts mit Intelligenz, finanziellen Mitteln oder außerordentlicher Risikobereitschaft zu tun hat. Vielmehr steht eine innere Haltung und eine für jeden anwendbare Systematik dahinter. Ihre Effectuation-Methode besteht aus vier Prinzipien:

✓ **Mittelorientierung: Was hast Du bereits an Bord?**
Mache eine Inventur Deiner Ressourcen. Wer bist Du, was kannst Du, was willst Du? Was ist mit Deinen Ressourcen alles möglich?

✓ **Zumutbarer Verlust: Was bist Du bereit zu investieren, auch wenn es schiefgeht?**
Was kannst Du in Deine Ideen investieren, ohne Deine Existenz aufs Spiel zu setzen? Zeit, Kreativität, Wissen, Geld, Status oder Ähnliches?

✓ **Umstände und Zufälle: Lass Dich auf das Unvorhersehbare ein!**
Unplanbar ist unschlagbar: Schau Dir Dein eigenes Leben an und Du verstehst die Kraft der zufälligen Begegnung. Was Du brauchst: eine offene innere Haltung.

✓ **Partnerschaften und Vereinbarungen: *Co-Creation* entsteht nur zusammen.**
Zunächst absichtsfrei, dann verbindlicher: Gemeinsam mit anderen entsteht viel mehr als die Summe der einzelnen Teile – das kennst Du.

In diesem Kapitel geht es um das Thema Entscheidungen. Als Führungskraft gibt es unterschiedlichste Arten, Entscheidungen zu treffen. Entweder gemeinsam mit Deinem Team nach ausführlichen Besprechungen oder ohne größere Abstimmung, wenn Du die Entscheidung allein fällst. Oder natürlich Varianten dazwischen. Häufig trägt unsere Sozialisierung dazu bei, welchen Stil wir bevorzugen. Oder wir lernen, dass in unserer Organisation eine Unternehmenskultur eine bestimmte Herangehensweise favorisiert. Jede Art kann auf ihre Weise effektiv und angemessen sein – das ist auch eine Frage des Kontextes. Am Beispiel von Jordis Intensivstation haben wir gesehen, dass er sich mit seinem Team auf einen gemeinschaftlichen Entscheidungsfindungsprozess geeinigt hat. Im Ausnahmezustand der Pandemie musste er allerdings davon abweichen, weil die akute Notlage auf Station keine längeren Diskussionen zuließ.

Wenn Du Dich beruflich weiterentwickeln willst, wirst Du ebenfalls Entscheidungen treffen müssen. Diese Entscheidungen sind von anderer Beschaffenheit als Entscheidungen im Job, denn sie werden weitreichende Folgen für Dein ganzes Leben haben. Daher hast Du ein erprobtes Modell an die Hand bekommen, das sehr niederschwellig und praxisorientiert vorgeht. Das Effectuation-Modell stammt aus der Unternehmensforschung und lässt sich hervorragend auf berufliche Entwicklungen übertragen, die Du in unsicheren Zeiten anstrebst. Vier Prinzipien ermutigen Dich, zeitnah ins Handeln zu kommen, Risiken zu minimieren, mit dem Zufall zu kooperieren und Partnerschaften einzugehen.

II.8 TERMINE UND MEETINGS VEREINBAREN

Wochenlang hatten wir darauf hingearbeitet und endlich war sie da – die Einladung zum Assessment Center. Eine große Chance, die viel Aufregung auslöste und intensive Vorbereitung. Meine Klientin Nicole arbeitete für einen großen deutschen Automobilhersteller. Nach einigen Jahren Projektmitarbeit an einem süddeutschen Standort wollte sie den nächsten Karriereschritt machen und als Projektkoordinatorin im Bereich Mobility ein größeres Team einer neuen Businesseinheit in Madrid übernehmen. Sie hatte die ersten Gespräche zu dieser Stelle bereits geführt und das Team in Madrid kennengelernt. Spanisch sprach sie gut, denn sie hatte im Rahmen ihres Studiums ein Auslandssemester in Zaragoza verbracht. Das Assessment Center war anspruchsvoll. Diese Hürde musste sie noch nehmen. Einzelinterviews, Gruppenübungen, eine Präsentation zu einem Fachthema auf Englisch mit wenig Vorbereitungszeit sowie ein Business Case mit einem realistischen Geschäftsszenario, für das sie Lösungen entwickeln und Entscheidungen treffen sollte – all das komprimiert an einem Tag, gemeinsam mit einer größeren Gruppe von Kolleginnen und unterschiedlichen Gesprächspartnerinnen. Als ich sie abends anrief, war sie erschöpft. Aber auch sehr zufrieden. Es war insgesamt gut gelaufen, sie wollte den Job unbedingt haben. Tatsächlich kam die finale Zusage kurz danach, der Einsatz ging bereits wenige Wochen später los. Sie freute sich sehr auf die neue Aufgabe.

Wir tauschten uns zwischendurch nur kurz aus, erst ein halbes Jahr später trafen wir uns zum Gespräch.

»Es ist toll«, erzählte sie, »der Job macht mir viel Spaß. Es hat am Anfang etwas gedauert, die neuen Themen zu strukturieren und mit dem Team in Schwung zu kommen, aber jetzt ist Dynamik in die Sache gekommen und es läuft. Für mich ist es ein ganz anderes Arbeiten als in Deutschland. Wir verbringen viel mehr Zeit mit einem Kaffee in der Hand oder beim Essen. Am Anfang machte mich das unruhig, weil ich dafür abends noch lange am Schreibtisch sitzen muss, um mein Pensum zu bewältigen. Aber dann habe ich festgestellt, wie wichtig dieser Austausch ist und wie oft wir währenddessen konkrete Ideen entwickeln, die uns weiterbringen. Nicht selten, dass ein paar von uns abends noch ein Bier oder zwei in einer Bar anschließen. Wenn ich Lust habe, gehe ich mit – solche Abende sind sehr fröhlich und unterhaltsam. Diese vielen neuen Erfahrungen, mein Team, Madrid – das ist alles fantastisch. Es gibt nur eine Sache, die macht mich wahnsinnig.«

Erstaunt schaute ich Nicole an. Es klang alles so rund – was für ein Aspekt konnte das sein, der ihr zu schaffen machte? Wurden vereinbarte Uhrzeiten vielleicht toleranter interpretiert?

»Die Meetings«, stöhnte sie, »die Meetings sind so furchtbar anstrengend. Die machen, was sie wollen!« Ihre Stirn legte sich in tiefe Falten. »Du kannst mir glauben, an mir liegt es nicht! Ich bin jedes Mal top vorbereitet. Ich verschicke im Vorfeld die Agenda – so wie ich es in Deutschland gemacht habe. Das Team kann auf die Agenda-Planung zugreifen und selbst relevante Themen hinzufügen. Vor dem Meeting sortiere ich alles, mache die Zeitplanung für die einzelnen Agenda-Punkte und schicke die Planung an alle.«

Ich ahnte, was das Problem war. Du auch?

»Mein Team hält sich einfach nicht an meine Planung. Praktisch nie. Sie diskutieren stattdessen Dinge, die kurzfristig aufgetaucht sind. Unerwartete Hürden, Änderungen, Wendungen. Na klar, das ist wichtig, aber ich hatte vor, erst mal systematisch die geplanten Punkte abzuarbeiten. Damit wir nicht komplett den Überblick verlieren.«

Vielleicht hast Du die Erfahrung als Führungskraft auch schon gemacht. Es gibt Kulturen, Deutschland zählt dazu, in denen Meetings nach einem klaren Plan verlaufen.

Themen, Reihenfolgen, Zeitfenster pro Agenda-Punkt: Alles wird im Vorfeld festgelegt und dann nach Plan durchgeführt. Änderungen, spontane Einwürfe, die vom Thema ablenken oder sonstige Abweichungen von der geplanten Ordnung werden als Störung empfunden. Meist werden sie gewissenhaft an anderer Stelle »geparkt«, aber in jedem Fall sind sie in dem Moment von Herzen unerwünscht.

Lass uns dazu einen Blick auf Meyers Skala werfen.[1]

II.8 TERMINE VEREINBAREN

Deutschland Japan Niederlande   Polen   Spanien Italien   Brasilien Marokko   Saudi-Arabien

Schweiz Schweden USA Großbritannien Tschechien Frankreich Russland   Mexiko China Indien Nigeria

Dänemark   Ukraine   Türkei   Kenia

Zeitlich linear ←————————————————————————————→ **Zeitlich flexibel**

Zeitlich linear: Projekte werden Schritt für Schritt angegangen, Aufgaben seriell erledigt. Eines nach dem anderen. Keine Unterbrechungen. Fokus auf Endtermin und Planeinhaltung. Schnelligkeit und gute Organisation gehen über Flexibilität.

Zeitlich flexibel: Fließender Übergang zwischen Projektschritten, Aufgaben ändern sich gemäß den Gegebenheiten. Vieles wird gleichzeitig angegangen. Unterbrechungen sind akzeptabel. Fokus auf Anpassungsfähigkeit. Flexibilität geht über Organisation.

Abbildung 11: Terminvereinbarung

Wie Du hier siehst, gehört Deutschland zu den zeitlich linearen Kulturen. Hier liegt der Fokus auf dem Einhalten von Fristen, einer konkreten Zeitplanung sowie einer durchdachten Organisation. Germanische, angelsächsische sowie nordeuropäische Kulturen sind ebenfalls in diesem Bereich der Skala angesiedelt.

Spanien dagegen tendiert auf der Skala in die entgegengesetzte Richtung. Bei zeitlich flexiblen Kulturen liegt der Fokus in Meetings auf der Anpassungsfähigkeit an spontane Gegebenheiten und auf einer hohen Flexibilität in Einschätzungen, Ansätzen und Handlungsnotwendigkeiten. In Stein gemeißelte Fristen oder eine stark vorgegebene Planung, die wenig Raum lässt, auf Unwägbarkeiten der realen Dynamiken zu reagieren, gelten als nicht erstrebenswert, sondern als hinderlich für die Zielerreichung.

In der Gruppe der zeitlich flexiblen Kulturen finden sich andere südeuropäische und lateinamerikanische Kulturen. Noch flexibler und agiler reagieren Kulturen des Nahen Ostens, arabische und afrikanische Kulturen auf spontan auftauchende neue Realitäten. Asiatische Kulturen sind auf dieser Skala sehr verstreut. Japan zählt zu den zeitlich linearen Kulturen, China und Indien hingegen zu den zeitlich flexiblen Kulturen.

Die Ausprägungen auf dieser Skala machen sich in verschiedensten Bereichen des täglichen Lebens bemerkbar. Sie zeigen sich darin, wie pünktlich Menschen zu vereinbarten Terminen erscheinen, wie geordnet oder auch nicht sie sich in Warteschlangen einreihen oder eben wie strukturiert sie Meetings durchführen.

Nachdem ich den Punkt mit Nicole besprochen hatte, war sie entspannter. Sie erkannte die kulturell bedingte Tendenz, die ihre sorgsam geplanten Meetings durcheinanderbrachte und nahm sie nicht mehr als persönlichen Angriff ihrer Führungskompetenz wahr.

Als ich sie ein paar Monate später wieder sprach, fragte ich sie danach, wie sich das Thema weiterentwickelt hatte. Sie lachte.

»Die Sache hat eine ganz interessante Wendung genommen«, erzählte sie. »Nach unserem Gespräch ging ich zurück nach Madrid und erstellte keine Agenda für das nächste Meeting mehr. Mein Team war irritiert.

»Nicole, wir haben gar keine Agenda bekommen, was steht auf dem Plan?«

Ich sagte ihnen: »Wozu mache ich eine Planung, wenn Ihr Euch ohnehin nicht daran haltet?« Ich dachte, sie wären dankbar für diese neue Freiheit, irgendwie befreit von einem lästigen Zwang. Aber so war es nicht.

»Nein«, sagten sie,»da hast Du uns falsch verstanden. Wir lieben Deine Agenda! Lass sie nicht weg! Es mag sein, dass wir uns nicht daran halten, denn wir finden die neusten Prozess-Updates wichtiger. Aber Deine Agenda gibt uns Orientierung! So wissen wir, worüber wir hätten sprechen müssen, wenn nicht etwas Dringendes dazwischengekommen wäre. Wenn Du keine Agenda mehr erstellst, wissen wir gar nicht mehr, wo wir gerade stehen!«« Nicole schüttelte lachend den Kopf.»Und weißt Du, worauf wir uns dann geeinigt haben? Ich erstelle wieder eine Agenda für jedes Meeting, bin aber entspannt, wenn wir sie nicht einhalten. Das Team ist dankbar für die Orientierung einerseits und für die Freiheit andererseits, sich von meiner Planung unabhängig zu machen. Manchmal arbeiten wir die Punkte systematisch ab, oft auch nicht. Jetzt nehmen wir es mit Humor und wissen den jeweiligen Ansatz zu schätzen. Die Werte, die dahinterliegen, sind uns jetzt klar. So funktioniert es gut, die Sache läuft. Ohne die Erklärung zur kulturellen Prägung allerdings hätte ich mich ständig geärgert.

DEIN TRANSFER IN DIE PRAXIS

LÖSE DICH VON STARRER PLANUNG

Wenn Du als Führungskraft ein divers zusammengesetztes Team führst, wird es Dir schon aufgefallen sein: Die Erwartungen an ein effizientes Meeting können sehr unterschiedlich ausfallen. Das fängt häufig schon bei der vereinbarten Uhrzeit an. Was genau bedeutet Pünktlichkeit? Diese Hacks helfen Dir, eine praktikable Lösung zu finden:

✓ **Kläre den konkreten Ansatz für Meetings mit Deinem Team.**
Unter Effizienz kann man vieles verstehen. Besprich mit Deinen Teammitgliedern, wie Ihr am besten zusammenarbeiten könnt. Wie sollen Meetings ablaufen? Soll es eine Agenda geben – eventuell mit Zeitfenstern pro Thema? Was geschieht bei Abweichungen vom Plan? Wie sollen Ergebnisse festgehalten werden? Eine

offene Haltung hilft Dir, eine Lösung zu finden, die für alle funktioniert.

✓ **Vereinbare eine klare Linie zum Thema Pünktlichkeit.** Sollen vereinbarte Uhrzeiten auf die Minute genau eingehalten werden? Oder gibt es einen Toleranzspielraum? Wenn ja, wie viele Minuten beträgt das Toleranzfenster konkret? Absolut zentral ist: Halte Dich selbst dran!

✓ **Hole Dir die Bestätigung über diese Vereinbarung von jedem Teammitglied.** Erst, wenn sich alle in Deinem Team auf die Vereinbarung verständigt haben, steht der »Team-Vertrag«. Die Wahrscheinlichkeit, dass die Vereinbarung eingehalten wird, steigt deutlich, wenn Du als gutes Vorbild voran gehst. Bei Bedarf rufst Du allen die positiven Auswirkungen der Vereinbarung auf Eure Teamdynamik ins Gedächtnis.

✓ **Überprüfe diese Vereinbarung zweimal pro Jahr und passe sie gegebenenfalls an.** Dinge ändern sich. Zusammensetzungen im Team, neue Aufgaben oder andere Dynamiken können dazu führen, dass Regeln der Zusammenarbeit neu angepasst werden müssen. Sprich mit Deinem Team. Gemeinsam findet Ihr die beste Lösung für Euch.

VIRTUELLE MEETINGS

Eigentlich waren wir in der Cafeteria der Hochschule verabredet. Doch dann fiel unser Kennenlerngespräch in die Zeit des Lockdowns und wir vereinbarten einen Videocall. Ich hatte mich bereits ein paar Minuten früher eingewählt und ging gedanklich die Punkte durch, die ich gern klären wollte. Es ging um eine Kooperation mit einem Fachbereich einer deutschen Hochschule im Bereich Führungskräfteentwicklung. Ich war konzentriert und gut vorbereitet, hatte meinen Lebenslauf vor mir sowie ein paar Stichworte auf einem Zettel.

Dann wählte sich der Programmdirektor ein. Die Verbindung stellte sofort das Kamerabild her, aber die Audiospur stand noch nicht. Ich konnte also einen Augenblick lang nur sehen, nicht hören. Was ich sah, rührte und amüsierte mich gleichermaßen. Der Programmdirektor saß etwas ungekämmt vor seinem Bildschirm, sehr leger im T-Shirt. Im Hintergrund sah ich einen Prinzessinnenkronleuchter mit bunten Glitzersteinen von der Decke hängen sowie eine Prinzessinnenbettdecke auf dem ungemachten Hochbett hinter ihm – von zartrosa bis intensiv pink. Am Bettpfosten hing ein lilafarbenes Ballett-Tutu in Kindergartengröße. Ich hatte mit allem gerechnet, nur nicht damit. Mein breites Lächeln war ansteckend, wir mussten beide lachen. Einen besseren Einstieg hätte es nicht geben können, dabei hatten wir noch kein Wort gesprochen. Der Blick ins Kinderzimmer hatte sofort eine vertrauensvolle, persönliche Ebene hergestellt. Das wäre uns so schnell beim Kaffee in der Hochschule nicht gelungen. Schon gar nicht wortlos innerhalb weniger Sekunden.

Ich weiß nicht, wie es Dir geht, aber solche Erfahrungen habe ich im Home-Office häufiger gemacht. Der Blick ins Zimmer der anderen löst etwas aus – und bietet einen persönlichen Anknüpfungspunkt. Es wird privat. Für einen Moment dürfen wir dort sein, wo sonst nur Freunde und Familie sind – zu Hause. Es ist nicht immer erhellend, was wir sehen – wie eine weiße Wand ohne Bilder. Auch nicht immer schön – ein unaufgeräumtes Zimmer mit einem Wäschehaufen im Hintergrund. Aber manchmal bewusst oder unbewusst aufschlussreich: Prinzessinnenkronleuchter, Kunst, Bücher, Haustiere, Sportgeräte, Musikinstrumente.

Deswegen mag ich das Thema *virtuelle Meetings*. Als Führungskraft erzeugst Du größte Wirkung in Deinem Team durch einen überzeugenden, souveränen Auftritt mit starker Ausstrahlung. Das gilt offline ebenso wie online. Eine starke Präsenz ist der Ausgangspunkt für jede Dynamik in Deinem Team. Respektieren Dich Deine Teammitglieder? Kannst Du sie erreichen und mitreißen? Können sie sich bei Dir weiterentwickeln? Sind sie motiviert, volle Leistung zu bringen? Unterstützen sie sich gegenseitig – teilen sie ihr Wissen? Gibt es echte Kooperation mit Mehrwert?

Grundsätzliche Themen zu Führung und Kommunikation im virtuellen Raum laufen immer auf einen offenen, engmaschigen und interaktiven Austausch hinaus, in dem Du als Führungskraft jedes einzelne Teammitglied ermutigst, sich einzubringen und sich zu beteiligen. Passende Links dazu findest Du in den Anmerkungen – an dieser Stelle werden wir die grundsätzlichen Ansätze nicht weiter vertiefen.[2]

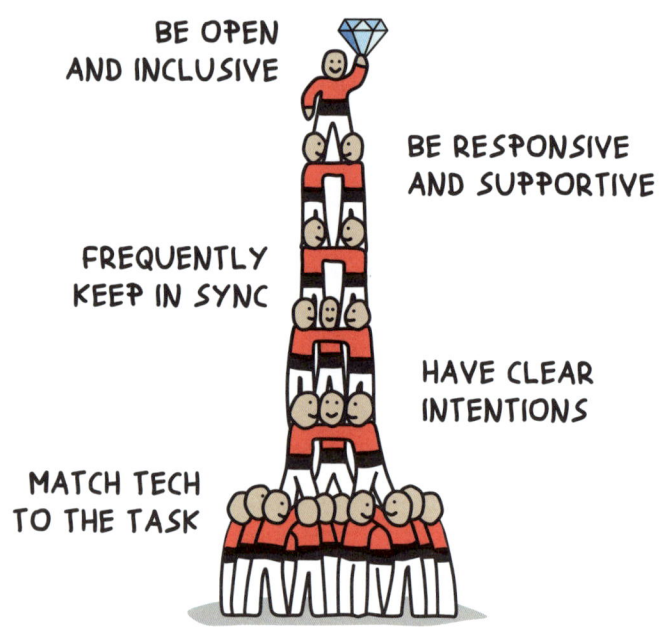

COMMUNICATION IN VIRTUAL TEAMS

BE OPEN AND INCLUSIVE

BE RESPONSIVE AND SUPPORTIVE

FREQUENTLY KEEP IN SYNC

HAVE CLEAR INTENTIONS

MATCH TECH TO THE TASK

Denn ich möchte hier einen besonderen Akzent setzen, den Du in der Literatur so nicht komprimiert nachlesen kannst: Die wenigsten Führungskräfte und Teammitglieder wissen, dass sich der digitale Raum für eine starke Präsenz ganz gezielt nutzen lässt. Manchmal sogar besser als in Live-Meetings. Lass uns diesen Punkt genauer anschauen.

 **ZOOM HACKS**

Wir haben in den vergangenen Kapiteln gesehen, wie wichtig für Dich als Führungskraft eine persönliche Verbindung zu Deinen Teammitgliedern ist. Virtuelles Arbeiten wird ein wichtiger Bestandteil unserer Arbeitsformen bleiben. Mein Eindruck ist: Im virtuellen Raum werden noch viele Fehler gemacht, wichtige Chancen werden nicht genutzt. Ich zeige Dir in den folgenden Hacks, wie Du mit wenigen Kniffen eine starke digitale Präsenz herstellen kannst, mit der Du vertrauensvolle Zusammenarbeit im Team intensivierst.

✓ **Wähle einen realen Hintergrund.**
Reale Hintergründe sind besser als virtuelle. Wenn Du es in Deiner Wohnung einrichten kannst, zeige einen realen Hintergrund, auch wenn er vollkommen unspektakulär ist. Und zwar aus technischen und psychologischen Gründen. Technisch ist es vorteilhaft, da Dein Bild schärfer wird. Die virtuellen Hintergründe benötigen viel Rechenleistung. Wir alle wissen, dass virtuelle Hintergründe bei Bewegungen vor der Kamera zu Lücken und Löchern in der Ansicht führen. Das sieht nicht nur unvorteilhaft aus, sondern irritiert. Die durchlöcherte Ansicht kostet den Betrachter Konzentration und Aufmerksamkeit, die ohnehin online schwerer zu halten ist. Das Risiko, dass Dir als Führungskraft nicht gut zugehört wird, solltest Du definitiv nicht eingehen. Lenk also Deine Teammitglieder nicht zusätzlich ab, sondern hilf ihnen, den Fokus zu halten!

✓ **Zeig Dich nahbar.**
Sollte etwas außer einer blanken Wand in Deinem Hintergrund erkennbar sein, bietest Du einen Einblick in Dein Leben an. Farben, Stil, Bildausschnitt – Dein Betrachter kann sich im wahrsten Sinne ein Bild machen. Es wird persönlich, Du zeigst Dich nahbar. Bei Dir als Führungs-

kraft schaut Dein Team bestimmt genauer hin. Diese Ebene ist hilfreich für ein gutes Miteinander im Team. Strecke hier also gern Deine Hand aus, wenn Du kannst. Allerdings: Überprüfe unbedingt die Ansicht in der Kamera – bei Christine Lagarde wurden die Buchtitel im Regal hinter ihr analysiert und die Welt war amüsiert über die pikante Zusammenstellung.

✓ **Sorge für exzellente Audioqualität.**
Eine schlechte Tonspur ist unverzeihlich. Bei instabiler Akustik steigen Menschen sofort aus, da kann Dein Beitrag noch so spannend sein. Entweder Deine Teammitglieder verlassen bei schlechtem Ton direkt den Call oder sie schalten innerlich ab und zücken ihr Smartphone. Das willst Du nicht. Ein externes Headset ist eine gute Wahl, denn viele Laptop-Lautsprecher sind qualitativ nicht gut genug.

✓ **Schau in die Kamera auf Augenhöhe!**
Hier sehe ich auch nach Jahren des virtuellen Arbeitens viele Defizite.
Zwei der häufigsten Fehler sind:
1. Das Kamerabild wird auf dem zweiten Bildschirm übertragen.
2. Der Sprecher schaut auf den Gesprächspartner herunter. Lass uns diese Fehler genauer betrachten.
Erstens: Wenn das Kamerabild auf dem zweiten Bildschirm übertragen wird, sehen wir den Sprecher häufig von der Seite, nicht frontal. Wir können ihm nicht in die Augen schauen, sehen nur eine Hälfte des Gesichts und bekommen von Mimik und Ausdruck kaum etwas mit. Darunter leidet die gesamte Botschaft des Sprechers. Ein überzeugender Auftritt mit einer klaren Botschaft kann auf diese Weise nicht entstehen. Geh als Führungskraft mit gutem Beispiel voran und sprich auch mit Dei-

nen Teammitgliedern: Die Kamera sollte immer über den Hauptbildschirm laufen, so dass direkter Augenkontakt gewährleistet ist.

Kommen wir zum zweiten Punkt. Menschen stellen ihr Laptop meist platt auf den Tisch und schauen dann von oben in die Kamera. Für den Betrachter sieht es so aus, als schaute der Sprecher auf ihn herab – die Kamera befindet sich ja nicht auf Augenhöhe des Sprechers. Kein Mensch mag, wenn man auf ihn herabschaut. Jeder wünscht sich Augenhöhe, im wörtlichen und übertragenen Sinne – keiner möchte von oben herab behandelt werden. Auch wenn es unabsichtlich ist: Diese Dynamiken entfalten unterschwellige Wirkung. Achte also darauf, dass Du Dein Laptop auf Armlänge entfernt hochstellst – meins steht immer auf einem Stapel Bücher. Nur aus diesem Winkel ist direkter Blickkontakt aus gefühlter physischer Nähe möglich.

✓ Verwende eine externe Kamera für ein scharfes Bild.
Wie bei der Tonspur auch: Die Laptop-Ausstattung ist meistens für ein scharfes Bild nicht gut ausreichend. Ein scharfes Bild macht einen großen Unterschied – es sieht einfach professioneller aus! Es wird oft unterschätzt: Aber ein scharfes Bild vor gutem Hintergrund verschafft Dir ein ganz anderes Standing. Bevor Du überhaupt den Mund aufmachst.

✓ Achte auf gerade Linien in Deinem Bildausschnitt.
Ein scharfes Kamerabild ist erst dann restlos überzeugend, wenn die Linien in Deinem Bildausschnitt gerade sind. An einer blanken Wand hinter Dir kannst Du das nicht so gut ablesen wie an einem Fenster, einem Regal, einem Sofa, einer Kommode, die im Kameraausschnitt sichtbar sind. In meinen Bildausschnitten gibt es meistens die Linien von Regalwänden, Tür- oder Fensterrah-

men, an denen ich mich orientiere. Schau Dir die Linien-
führung Deines Ausschnitts an und gleiche sie mit dem
Winkel Deiner Kameraeinstellung ab. Wenn die Linien
gerade sind, schaut Dich Dein Betrachter gern an und
wird nicht seekrank.

✓ **Bring Dich zum Leuchten!**
Farben haben einen entscheidenden Einfluss auf die Wirkung. Die Kamera liebt Pastelltöne – harte Kontraste sind
ungünstig. Das bedeutet: schwarze und weiße Oberteile
kannst Du im Schrank lassen. Sie machen Dich blass oder
verschlucken das Licht. Muster, erst recht kleinteilige,
bringen das Bild zum Flimmern – und lassen Unruhe entstehen. Alles, was unruhig ist, lenkt Dein Auditorium ab.
Du erinnerst Dich: Aufmerksamkeitsspanne von Gold-
fischen. Hier gibt es keinen großen Toleranzraum. Wähle
also zarte Blau-, Grün- oder Rosétöne ohne Muster, setze
Dich vor einen ansprechenden, aufgeräumten Hintergrund mit scharfer Bildauflösung, geraden Linien, erzeu-
ge exzellente Tonqualität durch externe Geräte und sprich
auf Augenhöhe in die Kamera. Die Menschen werden
Dir zuhören. Auf dieser Basis kannst Du die persönliche
Verbindung zu Deinem Team vertiefen: Probiere es aus,
es funktioniert.

 ZUSAMMENFASSUNG

In diesem Kapitel hast Du gesehen, welche Kulturen es mit vereinbarten
Uhrzeiten und aufgestellten Ablaufplänen in Meetings genau nehmen
und welche Kulturen den Schwerpunkt eher auf Flexibilität und Anpassungsfähigkeit an neue Gegebenheiten setzen. Wie auf jeder Skala dieses
Rahmenwerks hat alles seine Berechtigung. Für Dich als Führungskraft
ist es hilfreich, mit den individuellen Persönlichkeiten in Deinem Team
gemeinsam eine Vereinbarung zu diesen Punkten aufzusetzen, die von

allen getragen wird. Da wir in allen Kapiteln dieses Buches gesehen haben, wie wichtig ein überzeugender, starker Auftritt in Deiner Rolle als Führungskraft ist, solltest Du auch im virtuellen Raum die Chance nutzen. Durch einen realen, gut ausgewählten Hintergrund, die richtige Audio- und Kameraeinstellung sowie dezente, ruhige Farben kannst Du die Aufmerksamkeit auf das, was Du sagst, erhöhen. Deine souveräne Ausstrahlung wird dazu führen, dass man Dir gern zuhört. Das ist die wichtigste Basis für alles, was Du mit Deinem Team entwickeln möchtest.

II.9 MITARBEITENDE BINDEN

Weswegen genau? Weil sie mit Dir wachsen können. Lass uns kurz zurückschauen. In den vorherigen acht Kapiteln hast Du gesehen, wie die Verhaltensdimensionen aus dem interkulturellen Rahmenwerk durch weitere Aspekte wie psychologische Sicherheit und achtsame Führung angereichert werden können. Jetzt ist der Ansatz vollständig.

Konkret bedeutet das: Du kannst nun also interkulturelle Unterschiede in Deinem Team erkennen, benennen und ausbalancieren (Culture Map), Du kannst darüber hinaus die Menschen in Deinem Team motivieren, entwickeln und zu Leistung anspornen (SCARF-Modell) und Du kannst als Führungskraft sowohl einfühlsam auf Deine einzelnen Teammitglieder und ihre Belange eingehen als auch die gesteckten Ziele gemeinsam mit Deinem Team erreichen (Caring Performance). Genau diese Kombination macht den Ansatz CONNECT, TRUST, CARE aus.

CONNECT, TRUST, CARE ist Deine Formel für Mitarbeiterbindung. Denn Menschen, die sich wertgeschätzt, gesehen und zugehörig fühlen, deren Potenzial erkannt wird und die den Raum dafür erhalten, dieses Potenzial zu entfalten – die werden bei dieser Führungskraft bleiben wollen. Damit hast Du einen komplexen Zusammenhang erkannt, der Dich von vielen anderen Entscheidern abgrenzt.

Die Auswirkungen des CONNECT-TRUST-CARE-Ansatzes sind auch positiv für Dich als Führungskraft. Mit der Kenntnis dieser ganzheitlichen Herangehensweise stellst Du nicht nur eine hohe Arbeitszufriedenheit Deiner Teammitglieder sicher, sondern Du stärkst ebenfalls Deine eigene Position als Führungskraft. Warum? Weil die hohe Aufmerksamkeit auf Interaktion, Motivation, Engagement und Entwicklung Deiner Teammitglieder Deine eigene Wahrnehmung so schulen wird, dass Du sensibler, reflektierter und bewusster handeln wirst. Diese vielschichtige Erfahrung macht Dich souverän. Auf dieser starken Grundlage wird es Dir selbst leichter gelingen, Deine eigenen Karriereziele zu erreichen – vorausgesetzt, Du bist fachlich geeignet. Die Praxis zeigt es immer wieder: Bei der Bewerbung um eine Stelle sind es häufig persönliche und soziale Stärken sowie emotionale Intelligenz, die über eine

Zusage oder Absage entscheiden. Also die Fähigkeit, Dich selbst und andere gut zu spüren, eigene und fremde Emotionen und Bedürfnisse auszubalancieren, um konstruktiv handeln zu können. Der gelebte CONNECT-TRUST-CARE-Ansatz verleiht Dir sowohl die erforderliche Reife für die Anforderungen an Dich als Führungskraft als auch mit der Zeit eine gewisse Übung, sichtbare und unsichtbare Dynamiken innerhalb Deines Teams zu erkennen und gezielt darauf zu reagieren. Für den nächsten Karriereschritt könntest Du nicht besser aufgestellt sein.

SO BEGEISTERST DU DIE GEN Z FÜR DICH

Fachkräftemangel, demografischer Wandel und der Kampf um Talente vor dem Hintergrund vielfältiger weltpolitischer Herausforderungen und Krisen machen deutlich, wie relevant die Rekrutierung und Bindung von Mitarbeitenden ist. Als Unternehmen attraktiv zu sein und auch für die junge Generation zum Anziehungspunkt zu werden: Das hat in diesen Zeiten höchste Priorität.

Lass uns dazu auf ein paar Fakten schauen: Die Gen Z ist die jüngste Generation auf dem Arbeitsmarkt. Zu ihr zählen Menschen, die zwischen 1995 und 2010 geboren sind. Das sind rund 11 Millionen Kinder, Jugendliche und junge Erwachsene in Deutschland, die zwischen 14 und 29 Jahre alt sind. Die Digital Natives oder *Zoomer*, wie sie auch genannt werden, definieren die Zukunft der Arbeit. Markanter als ihre Vorgänger-Generationen wünschen sie sich Selbstbestimmung (Flexibilität und Freizeit), Anerkennung, Sinnhaftigkeit, Zugehörigkeit.[1] Dabei ist die interne Wertschätzung eine von insgesamt drei Faktoren, die einen Job zum *Love-Job* macht. Die beiden anderen Faktoren sind Einkommen und externe Wertschätzung, also wie das Umfeld auf den Job reagiert.[2]

Echte Wertschätzung ist also wichtiger als ein frischer Obstkorb, und hier kommst Du ins Spiel: Die Gen Z hat hohe Ansprüche an ihre Führungskraft, denn sie möchte gefördert werden. Aber nicht durch hartes Feedback, Spring-ins-kalte-Wasser-Methoden oder einen vollen Schreibtisch mit Herausforderungen. Sondern durch einen wohlwollenden Blick auf die sichtbaren und noch nicht sichtbaren Stärken im Sinne von: Ich setze Dein schlummerndes Talent frei, ich mache Dich stark. Die Digital Natives wünschen sich Inspiration, Orientierung, Motivation, positive Verstärkung und das Aufzeigen möglicher Lösungswege durch Dich. Häufiges, direktes, wertschätzendes und ehrliches Feedback schätzen sie, um sich zu entwickeln. Dafür erwarten sie, dass Du ihnen den Raum gibst: Sie wollen Fehler machen dürfen und daraus lernen. Sie erwarten eine explizit offene und gelebte Fehler- und Lernkultur im Unternehmen. Das ist SCARF in Reinform. Die jährlichen Mitarbeitergespräche kannst Du also getrost von Deiner Liste streichen. In diesem Format findet keine passende Persönlichkeitsentwicklung für die junge Generation statt.

Für die Integration der jungen Generation am Arbeitsplatz gibt es zahlreiche Möglichkeiten. Hier kannst Du als Führungskraft erheblich dazu beitragen, dass die *Zoomer* ihren Platz finden und mit ihren Fähigkeiten wertvolle Beiträge leisten. Ich möchte zwei Aspekte besonders hervorheben.[3]

In *Reverse Mentoring* Programmen lernt die Gen Z nicht nur von erfahrenen Mitarbeitenden, sondern die älteren Generationen lernen auch von der jüngeren. Die digitale Welt ist ihr zweites Zuhause – mit ihren

Kenntnissen und digitalen Erfahrungen ist sie älteren Mitarbeitenden haushoch überlegen. Daher sind auch altersgemischte Teams eine gute Idee. Das ist für jedes Unternehmen eine weichenstellende Chance.

Gleichzeitig solltest Du als Führungskraft junge Menschen mit Einwanderungsgeschichte sowie diejenigen aus sozioökonomisch benachteiligten Verhältnissen gezielt fördern. In der Folge wird Dein Team vielfältiger, weiblicher und dadurch zukunftsfähig.[4] Vielfältiger, weiblicher, zukunftsfähig? Lass uns diesen Zusammenhang genauer betrachten.

Junge Menschen mit Migrationsbiografie haben es teilweise sehr schwer auf dem deutschsprachigen Arbeitsmarkt.[5] Die Gründe hierfür sind vielfältig. Die Schwierigkeiten fangen bereits in der Kindergarten- und Schulzeit an. Oft erfahren Kinder und Jugendliche in Ursprungsfamilien mit nicht-deutscher Familiensprache weniger praktische Unterstützung in ihrem Alltag – meist aus Überforderung und den daraus resultierenden begrenzten Möglichkeiten, weiterführende Angebote für Ausbildung und Freizeit in Erfahrung zu bringen und zu nutzen. Ihre Eltern nehmen seltener an Elternabenden oder Informationsveranstaltungen teil, weil sie sich nicht sicher genug in der Sprache oder bestimmten Themen nicht gewachsen fühlen. Darüber hinaus verhindern finanzielle Engpässe bereits in der Kindheit die gezielte Förderung der vorhandenen Stärken von jungen Menschen mit und ohne deutsche Familiensprache. Die Auswirkungen auf das Selbstbewusstsein[6] und die Teilhabe am sozialen und kulturellen Leben sind gravierend. Mangelnde individuelle Beratung zu passenden Ausbildungsmodellen und finanzieller Förderung, die Komplexität der Karrierewahl, eingeschränkter Zugang zu Insider-Informationen wie nicht-öffentlich ausgeschriebene Stellen, die nur über Netzwerke besetzt werden, stellen große Hürden für den Startschuss ins Berufsleben dar. Häufig sind junge Menschen, die es bis zum Abitur und an die Universität trotz der zahlreichen Hindernisse geschafft haben, die ersten in ihrer Familie mit einem akademischen Abschluss: die sogenannten *First-Generation Professionals*. Sie zeichnen sich durch eine außerordentlich hohe Motivation, Durchhaltevermögen und Resilienz aus. Trotzdem setzen sich die Schwierigkeiten beim Einstieg in den Arbeitsmarkt oder in beruflichen Aufstiegsfragen vielfach fort. Sie haben es schwerer, einen Job zu finden, werden bei Beförderungen häufiger übergangen und in ihrem Potenzial unterschätzt.[7] Warum? Weil sie bestimmte soziale Codes nicht kennen, auf keine relevanten Netzwerke zurückgreifen oder die erforderlichen (schlecht oder unbezahlten) Praktika nicht vorweisen können – da sie in der Zeit gejobbt haben, um sich neben ihrem Studium ihren Lebensunterhalt zu finanzieren. Dies ist gesellschaftlich, unternehmerisch und gesamtwirtschaftlich hochbrisant.

Hier ist ein Lösungsansatz: Wenn Chefetagen und Personalabteilungen auf das Diversitätsmerkmal der sozialen Herkunft[8] bewusster, offener und fördernder reagieren, profitieren alle: die Geförderten, die Unternehmen, die Gesellschaft. Unternehmen bekommen auf diese Weise direkten Zugriff auf die Talente von morgen – eine enorme Chance, mehr Fachkräfte zu rekrutieren. Hier liegt der größte strategische Hebel für alle Beteiligten. Durch den Abbau unsichtbarer Karriereblocker wie menschliche und fachliche Vorurteile, zielgruppenferne Informationsveranstaltungen, mangelnde Teilhabe, unzureichende finanzielle Förderung und diverse Netzwerk-Barrieren könnte das Potenzial junger Menschen – und damit auch das von Frauen – mit und ohne Einwanderungsgeschichte und aus sozioökonomisch benachteiligten Verhältnissen systematisch erschlossen werden. Dadurch würden Teams in Unternehmen spürbar diverser in Bezug auf Gender, kulturelle und soziale Herkunft, Erfahrungen, Herangehensweisen, Perspektiven, Stärken und Bedürfnisse. Internationale Studien belegen, dass der Zusammenhang zwischen Diversität und Geschäftserfolg so deutlich ist wie nie.[9] Auch gesamtwirtschaftlich ist Chancengleichheit unumgänglich, um wettbewerbsfähig zu bleiben. Der *Social Mobility Report* des Weltwirtschaftsforums zeigt auf, dass Deutschland aufgrund der mangelnden Chancengleichheit 18,5 Milliarden Dollar an Bruttoinlandsprodukt entgehen – und zwar jedes Jahr.[10]

Jetzt schauen wir noch einmal, was das Thema Mitarbeiterbindung und die Rekrutierung der Gen Z mit Dir zu tun hat. Der CONNECT-TRUST-CARE-Ansatz ist ganzheitlich und erfüllt jeden Aspekt in diesem anspruchsvollen Erwartungskatalog. Mitarbeitende wollen sich in ihrer vielfältigen Persönlichkeit gesehen und wertgeschätzt fühlen, aus welcher Kultur auch immer sie kommen. Sie suchen nach Motivation, Sinn und Erfüllung. Sie wollen sich beruflich und persönlich entwickeln können. Du sollst ihnen helfen, ihr Potenzial freizulegen, und attraktive Perspektiven aufzeigen, damit sie ihre Stärken voll ausschöpfen können. Das ist viel verlangt.[11]

Gleichzeitig hast Du jetzt dafür alles, was Du brauchst. Du hast gelernt, Vielfalt in Form von kulturell unterschiedlichen Präferenzen und Herangehensweisen sowie Vielfalt im Bereich Lebenserfahrung, Arbeits- und Denkweisen zu erkennen, zu benennen, anzusprechen und einen Konsens im Team für die Zusammenarbeit zu finden (*Culture Map*). Du weißt jetzt ebenfalls, wie Du einen sicheren Raum herstellst, in dem sich jeder angstfrei äußern kann und auch Lust hat, sich einzubringen. Weil Du das Individuum siehst, wohlwollend entwickelst, forderst und förderst (SCARF-Modell). Außerdem bist Du jetzt ein *Caring Performer*. Du stehst empathisch mit Deinem Team im individuellen Kontakt, zeigst Handlungsschritte auf, um Hürden aller Art zu überwinden. Du bist also menschlich ansprechbar und gleichzeitig strategisch weitsichtig in Deiner Rolle als Führungskraft, denn Du möchtest Ziele erreichen. Und das gelingt Dir auch. Dein Team steht hinter Dir und macht es zusammen mit Dir möglich. Glückwunsch!

DIE WICHTIGSTEN HACKS FÜR DIE FÜHRUNG DER GEN Z:

✓ **Sei ein Vorbild.**
Ob Du willst oder nicht: Dein Team wird Dich als Führungskraft sehr genau betrachten und sich an Dir orientieren. Nutze diesen Effekt und zeige Dich als Mensch und Führungskraft nahbar, vertrauenswürdig und engagiert.

✓ **Sei ein Mentor, kein Boss.**
Digital Natives wünschen sich, von Dir entwickelt zu werden. Decke ihre Talente und Fähigkeiten auf, gib ihnen die Chance zu wachsen. Hör genau zu, verstehe ihre Ziele und hilf ihnen, diese zu erreichen.

✓ **Gib regelmäßig konstruktives Feedback.**
Häufige und ehrliche Rückmeldungen sind für die Gen Z essenziell, um zu wachsen. Sprich mit ihnen direkt, binde sie ein, übertrage ihnen Verantwortung. Zeig ihnen, dass Du sie siehst und ihre Beiträge schätzt, frag sie nach ihrer Meinung.

✓ **Sei flexibel, sie sind es auch.**
Biete flexible Arbeitszeitmodelle an sowie die Möglichkeit, remote zu arbeiten. Das Bedürfnis nach Gestaltungsfreiheit ist besonders hoch bei der Gen Z. Vertraue Deinem Team, dass es auch außerhalb des Büros produktiv und engagiert ist!

 ZUSAMMENFASSUNG

Alles, was Du in diesem Buch gelernt hast, erreicht seinen Höhepunkt beim Thema Mitarbeiterbindung und Arbeitgeberattraktivität für die Generation der Zukunft. Hier fließen alle Modelle zusammen. Die *Culture Map* ermöglicht Dir die konstruktive Integration von kultureller Vielfalt im Team. Das SCARF-Modell macht die Dir die menschlichen Grundbedürfnisse am Arbeitsplatz bewusst. Ohne sie ist keine Motivation und Leistungsbereitschaft denkbar. *Caring Performance* steht für eine Sowohl-als-auch-Haltung. Du reagierst sowohl fürsorglich auf individuelle Belange Deines Teams als auch ziel- und ergebnisorientiert in Bezug auf die Erwartungen, die das Unternehmen an Dich stellt.

Du siehst: In der Praxis sind alle Aspekte gleichzeitig wirksam, sie treten immer gemeinsam auf, nie getrennt. Jetzt bist Du gerüstet. Es sieht komplex aus. Aber ein gutes Grundgespür und ein aufrichtiges Interesse am einzelnen Menschen sind bereits die beste Grundlage.

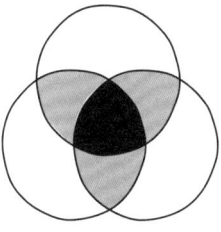

III. CHECK-OUT

Du hast in diesem Buch gesehen, wie Du als Führungskraft ein charismatisches Vorbild mit großer Wirkung darstellst – denn nun weißt Du, wie Du auf interkulturelle Unterschiede und psychologische Grundbedürfnisse am Arbeitsplatz so eingehen kannst, dass Du Deine Teammitglieder nicht nur individuell förderst und entfaltest, sondern auch die gesamte Zusammenarbeit im Team auf ein hohes Motivations- und Leistungsniveau in schwierigen Zeiten heben kannst. Das Beste ist: Dieser Ansatz entspricht aktuellen Zukunftsstudien im Detail.[1]

Nationale und internationale Erhebungen gehen davon aus, dass Fähigkeiten zur Gestaltung von zwischenmenschlichen Dynamiken am Arbeitsplatz in Zukunft eine herausragende Bedeutung einnehmen werden. Und zwar stärker als heute sowie auf mehreren Ebenen[2]:

Einerseits auf der Ebene der direkten Zusammenarbeit in Unternehmen, gesteuert von der Personalentwicklung und von Führungskräften. Hier werden sowohl Führungskräfte als auch das People & Culture Management in Zukunft entscheidend dafür verantwortlich sein, eine empathische, werteorientierte und inklusive Unternehmenskultur zu schaffen mit dem Ziel, Mitarbeitende zu motivieren und begeistern.

In diesem Zusammenhang werden Erwartungen an Führungskräfte komplexer werden. Noch stärker als heute sollten sie künftig über emotionale Intelligenz, soziale Kompetenz sowie fundierte Kenntnisse im Umgang mit Emotionen und zwischenmenschlichen Interaktionen verfügen.³

Du spürst wahrscheinlich die Wucht, die der letzte Satz enthält. Was für ein Anforderungskatalog! Denn bei weitem nicht alle Unternehmen stellen ihren Führungskräften systematische Fortbildungen zur Weiterentwicklung ihrer Fähigkeiten und Techniken für die Zusammenarbeit in Teams zur Verfügung. Eine solche fundierte Kompetenz brauchst Du allerdings, um Deiner Rolle gerecht zu werden.

Mit diesem Buch hältst Du nun eine anwendungsorientierte Anleitung in den Händen, die Dir für die Umsetzung im Tagesgeschäft sehr hilfreich sein wird. Damit wird Dir die erfolgreiche Steuerung gemischter Teams deutlich leichter fallen.

Auf einer übergeordneten Ebene wird der Gesamtzusammenhang klar, den diese Prognosen aufzeigen: Eine starke Unternehmenskultur, die von fähigen, einfühlsamen Führungskräften vorgelebt und ausgestaltet wird, bedeutet höhere Jobzufriedenheit und damit geringere Fluktuation.⁴ Also eine stabile Arbeitsumgebung, die trotz kontinuierlichen Wandels und Unvorhersehbarkeiten einen klaren Rahmen für persönliches und professionelles Wachstum, Kreativität und Innovation schafft.

Das ist DER Schlüssel im Kontext des Fachkräftemangels, des Kampfes um die besten Talente sowie um die Rekrutierung der Generation Z – »Z« wie Zukunft.

Lass uns hierzu noch einmal die einzelnen Aspekte und Zusammenhänge betrachten:

In einer wertschätzenden und inklusiven Unternehmenskultur sind Menschen motiviert, engagiert und leistungsbereit. Sie fühlen sich geachtet, gehört und gesehen, so dass ihr Interesse groß ist, in diesem Umfeld persönlich und beruflich weiter zu wachsen. Die dafür notwendigen Faktoren wie eine transparente, regelmäßige Kommunikation, Sicherheit und Klarheit in den an sie gestellten Erwartungen, ein psychologisch sicherer Rahmen, in dem sie sich beteiligen und ausprobieren können, die aktive Einbindung in Entscheidungsprozesse und Teamarbeit sowie gezielte Förderung ihrer Interessen ermöglichen Verantwortungsübernahme, Einfallsreichtum und Schaffenskraft.

Als Führungskraft kommt Dir in der Gestaltung der Unternehmenskultur eine Schlüsselrolle zu. Du bist das wichtigste *Asset* Deiner Firma.

Von Dir hängt letztlich der Erfolg ab – kurzfristig sowie langfristig. Du erinnerst Dich: Kultur ist stärker als Strategie.

Nun weißt Du, warum. Und Du weißt auch, wie Du dieser Rolle gerecht werden kannst. Das Beste wird sein: Es wird Dir Spaß machen.

Es war mir eine Freude, Dich zu begleiten.

Viel Erfolg für Deinen weiteren Weg!

YOU ARE NOT A LEADER UNTIL ...

YOU HAVE INSPIRED ANOTHER LEADER ...

WHO CAN INSPIRE ANOTHER LEADER

ANMERKUNGEN

VORWORT

1. Meyer (2018), Die Culture Map. Deutsche Übersetzung von Marlies Ferber und Andreas Schieberle.
2. Meyer (2014), The Culture Map.
3. Rock (2020), Brain at Work.
4. Siehe die internationalen Dimensionen der Charta der Vielfalt: https://www.charta-der-vielfalt.de/fuer-arbeitgebende/vielfaltsdimensionen/)

KAPITEL II.I KOMMUNIZIEREN

1. Siehe Erin Meyers Website: https://erinmeyer.com/
2. Meyer (2018), Die Culture Map, S. 50.
3. Der Ausspruch »*Culture eats strategy for breakfast*« wird dem amerikanischen Managementberater Peter Drucker zugeordnet – der zweite Teil des Ausspruchs »*… and transformation for lunch*« wird mit einem Lächeln von Praktikern ergänzt.
4. Meyer gibt konkrete Tipps unter anderem bei ihrem Vortrag auf dem Nordic Business Forum 2022 in Helsinki: https://www.nbforum.com/newsroom/events/nordic-business-forum-2022/erin-meyer-lead-negotiate-and-get-things-done-across-the-world/
Siehe auch diverse Übungen zu Psychologischer Sicherheit in Teams – wie zum Beispiel »*Listen for Emotions: Hear What's Not Being Said*« in Helbing / Norman (2023): Psychological Safety Playbook, S. 52-55.
5. *Liberating Structures* sind ein Set von 33 innovativen und interaktiven Methoden zur Zusammenarbeit in Gruppen. Sie eignen sich hervorragend für Workshops.
Es gibt sie auch als kostenfreie App. Mehr Infos unter: https://www.liberatingstructures.com/
6. Vgl. Rock (2020), Brain at Work.
7. Edmondson (2018), Fearless Organization.
8. So zu finden auf der Website von Amy Edmondson: https://amycedmondson.com/psychological-safety/

9. Erin Meyer hat die neue Dimension SPEAKING unter anderem auf den Nordic Business Forum in Helsinki im Oktober 2022 vorgestellt: https://www.nbforum.com/newsroom/events/nordic-business-forum-2022/erin-meyer-lead-negotiate-and-get-things-done-across-the-world/

10. Siehe Meyers Ausführungen zum Beispiel hier: https://www.rolandberger.com/en/Insights/Publications/Erin-Meyer-on-cultural-awareness-in-the-workplace.html

11. Ergänzend hierzu: Schein (2023), Humble Leadership.

12. Hintergründe für die Zurückhaltung asiatischer Gruppen in Meetings zum Beispiel nachzulesen hier: https://www.linkedin.com/pulse/why-your-teammates-arent-speaking-up-asian-josephine-stoker/

KAPITEL II.2 WIDERSPRECHEN

1. Meyer (2018), Die Culture Map, S. 213.

2. Rock (2020), Brain at Work, S. 121-123 und S. 280.

KAPITEL II.3 ÜBERZEUGEN

1. Meyer (2018), Die Culture Map, S. 106.

2. Meyer (2018), Die Culture Map, S. 115-122.

3. AIDA-Formel zur Anwendung in Präsentation, zum Beispiel hier: https://www.berufsstrategie.de/bewerbung-karriere-soft-skills/praesentation-aha-smart-aida-prinzip.php

4. Es gibt viele lizenzfreie Bilderplattformen, zum Beispiel Unsplash: https://unsplash.com/de

5. Edmondson (2023), Right Kind of Wrong. In diesem Buch unterscheidet Edmondson zwischen drei Grundtypen von Fehlern: den einfachen, den komplexen und den intelligenten. Es geht darum, unproduktive Fehler zu vermeiden und aus anderen Fehlern konstruktive Lernerfahrungen abzuleiten. Ziel ist es, einerseits clevere Risiken einzugehen und andererseits vermeidbaren Schaden abzuwenden.

6. Fox Cabane (2013), Charisma Myth.

KAPITEL II.4 VERTRAUEN

1. Meyer (2018), Die Culture Map, S. 183.
2. Rock (2020), Brain at Work, S. 171.
3. Rock (2020), Brain at Work, S. 172.

KAPITEL II.5 BEURTEILEN

1. Meyer (2018), Die Culture Map, S. 79.
2. Siehe Beitrag von Erin Meyer:
   https://knowledge.insead.edu/career/pitfalls-giving-feedback-across-generations
3. So zum Beispiel nachzulesen hier:
   https://elearningindustry.com/bridging-the-generational-gap-effec-tive-feedback-strategies-in-the-age-diverse-workplace

KAPITEL II.6 FÜHREN

1. Meyer (2018), Die Culture Map, S. 136.
2. Hougaard (2022), Compassionate Leadership, S. 5 (Übersetzung des Modells ins Deutsche). Hougaard spricht an dieser Stelle von der »Wise Compassion Matrix«.
   Siehe ebenso Hinweise dazu auf Website von Potential Project:
   https://de.potentialproject.com/wise-compassionate-leadership
   Hougaard verwendet für sein Modell ebenfalls die Bezeichnung »Caring Performance« – nachzulesen zum Beispiel hier:
   https://www.telekom.com/de/konzern/details/new-work-zuver-sicht-1027458
3. Hougaard (2022), Compassionate Leadership, S. 55.
4. Hougaard (2022), Compassionate Leadership, S. 18.
5. Hougaard (2022), Compassionate Leadership, S. 127.

KAPITEL II.7 ENTSCHEIDEN

1. Meyer (2018), Die Culture Map, S. 163.
2. Saras D. Sarasvathy (2001): Effectuation. In: The Academy of Management Review. Vol. 26, Nr. 2, S. 243-263 (21 Seiten).

KAPITEL II.8 TERMINE UND MEETINGS VEREINBAREN

1. Meyer (2018), Die Culture Map, S. 242.
2. Tipps zu virtuellen Meetings in zahlreichen Links gut nachzulesen, zum Beispiel hier: https://www.kofa.de/personalarbeit/personalfuehrung/alternative-fuehrungsformen/virtuelle-teams-fuehren/ Oder hier: https://organisationsberatung.net/virtuelle-teams-fuehren/

KAPITEL II.9 MITARBEITENDE BINDEN

1. Esmailzadeh et.al. (2022), Gen Z, S. 21. Die Autoren verweisen auf die Futur of Work Studie von Zenjob von 2022, nachzulesen hier: https://www.zenjob.com/de/ressourcen/gen-z-studie-2022/ Einen guten Überblick über weitere Studienergebnisse findest Du auch auf der Seite von Felix Behm, ein Experte für die Gen Z in Deutschland: https://felixbehm.de/generation-z/
2. Siehe dazu Beitrag von Jo Dietrich, Mitgründer der Gen-Z-Agentur ZEAM in Esmailzadeh et.al (2022), Gen Z, S. 54.
3. Esmailzadeh et.al (2022), Gen Z, S. 185.
4. Esmailzadeh et al (2022), Gen Z, S. 186.
5. Nepomnyashcha (2024), Wir von unten, S. 87 ff.
6. Siehe Nepomnyashcha (2024), Wir von unten, S. 144. Der sogenannte *Confidence Gap* ist komplex und systemisch, keine individuelle Schwäche. Er entsteht aufgrund strukturell ungleicher Bedingungen für Menschen mit Einwanderungsgeschichte und den damit häufig verbundenen sozioökonomischen Einschränkungen.
7. Zu diesem Schluss kommt auch eine Studie der Boston Consulting Group von 2023 zu Berufschancen von Erstakademiker:innen auf dem deutschsprachigen Arbeitsmarkt: »FirstGen Professionals haben selbst nach mehreren Jahren Berufserfahrung einen deutlichen Karrierenachteil. Auch wenn der Abstand zu ihrer Vergleichsgruppe geringer geworden ist, können sie die Lücke nie schließen.« Vgl. Sebastian Ullrich et al (2023), First-Generation Professionals, S. 8. https://www.bcg.com/publications/2023/swiss-german-das-schlummernde-potenzial-der-first-generation-professionals

8. Das Diversitätsmerkmal der sozialen Herkunft wurde 2021 in die Charta der Vielfalt aufgenommen. Siehe Nepomnyashcha (2024), Wir von unten, S. 165.

9. Vgl. McKinsey & Company (2020), Diversity wins, S. 3 ff.

10. Global Social Mobility Report 2020, S. 203.

11. Ähnlich fasst Nicholas Janni, vielbeachteter Preisträger des Business Book of the Year Award 2023, die erweiterten Anforderungen an Führungskräfte zusammen: »Um den Herausforderungen der Gegenwart zu begegnen, brauchen wir neue Denkansätze und erweiterte Fähigkeiten zur Führung. Heutige Führungskräfte müssen auf Komplexität eingehen, mit Mehrdeutigkeit umgehen und echtes Mitgefühl ausdrücken können. Sie müssen lernen, tiefes inneres Wissen und emotionale Fähigkeiten zu nutzen, die erforderlich sind, um in einer sich rasant verändernden Welt den Kurs zu halten. Führungskräfte sollten Menschen sein, die sowohl für sich selbst als auch für diejenigen, die sie führen, nach echter innerer Entwicklung streben. Zudem sollten sie in der Lage und bereit sein, Kulturen des echten Mitwirkens zu schaffen, in denen Menschen ihr Bestes geben und die tiefe Zufriedenheit erleben, die damit einhergeht, mehr zu geben als zu nehmen.« Vgl. Nicholas Janni, Leader as Healer, S. 15.

KAPITEL III. CHECK-OUT

1. Um nur einige zu nennen – Studien zu sogenannten *Future Skills* im Zusammenhang mit Zukunft der Arbeit:
McKinsey (2021): Defining the skills citizens will need in the future world of work.
https://www.mckinsey.com/industries/public-sector/our-insights/defining-the-skills-citizens-will-need-in-the-future-world-of-work#/
The Pearson Skills Outlook (2022): Power Skills.
https://info.credly.com/powerskills
zukunftsInstitut (2024): Jobs der Zukunft: Trendradar für die Haufe-Akademie.
https://www.zukunftsinstitut.de/haufe-akademie-trendradar-jobs-der-zukunft

Deloitte (2020): Die Jobs der Zukunft: Berufswelt bis 2035 – 5 Trends (12. Ausgabe der Studienreihe Datenland Deutschland). https://www2.deloitte.com/de/de/pages/trends/jobs-der-zukunft-be-rufswelt-2035.html

2. Siehe die oben genannten Studien.

3. ZukunftsInstitut (2024), Trendradar, S. 4 und S. 26 sowie Deloitte (2020), Jobs der Zukunft, S. 31 und McKinsey (2021), Future world of work, S. 3., Pearson Skills Outlook (2022), Power Skills, jeweils S. 3 auf den Factsheets US, UK, Canada & Australia.

4. Das internationale Forschungs- und Beratungsinstitut Great Place to Work stellt in diesem Artikel von 2023 anschaulich die Zusammenhänge her: https://www.greatplacetowork.ca/en/articles/how-does-company-culture-impact-employees

LITERATURVERZEICHNIS

Der letzte Zugriff auf sämtlich aufgeführte Links erfolgte im August 2024.

Anderson, Janet (2021): How cross-cultural understanding can be a driver of innovation. https://www.rolandberger.com/en/Insights/Publications/Erin-Meyer-on-cultural-awareness-in-the-workplace.html

Behm, Felix (2024): Wie tickt die Generation Z? Wer sie sind, was sie wollen und warum die Zusammenarbeit verschiedener Generation oft scheitert. https://felixbehm.de/generation-z/

Buha, Irene (2023): Bridging The Generational Gap: Effective Feedback Strategies In The Age-Diverse Workplace. https://elearningindustry.com/bridging-the-generational-gap-effective-feedback-strategies-in-the-age-diverse-workplace

Charta der Vielfalt (2024): Die sieben Dimensionen von Vielfalt. https://www.charta-der-vielfalt.de/fuer-arbeitgebende/vielfaltsdimensionen/)

Deloitte (2020): Die Jobs der Zukunft. Berufswelt bis 2035. 5 Trends. (12. Ausgabe der Studienreihe Datenland Deutschland). https://www2.deloitte.com/de/de/pages/trends/jobs-der-zukunft-berufswelt-2035.html

Dondi, Marco / Klier, Julia / Panier, Frédéric / Schubert, Jörg (2021): Defining the skills citizens will need in the future world of work. https://www.mckinsey.com/industries/public-sector/our-insights/defining-the-skills-citizens-will-need-in-the-future-world-of-work#/

Edmondson, Amy C. (2018): The Fearless Organization: Creating Psychological Safety in the Workplace for Learning, Innovation and Growth. New Jersey: Wiley.

Edmondson, Amy C. (2023): Right Kind of Wrong: Why Learning to Fail Can Teach Us to Thrive. Wisconsin: Cornerstone Press.

Edmondson, Amy C (2024): https://amycedmondson.com/psychological-safety/

Esmailzadeh, Annahita / Meier, Yaël / Birkner, Stephanie / de Gruyter, Julius / Dietrich, Jo / Schwiezer, Hauke (Hrsg.) (2022): Gen Z für Entscheider:innen. Frankfurt: Campus Verlag.

Fonseca, Nancy (2023): How Does Company Culture Impact Employees? https://www.greatplacetowork.ca/en/articles/how-does-company-culture-impact-employees

Fox Cabane, Olivia (2013): The Charisma Myth. How Anyone can Master the Art and Science of Personal Magnetism. New York: Penguin Publishing Group.

Friedlaender, Petra / Grolman, Florian (2024): Virtuelle Teams wirksam führen. So gelingt »Führung remote« für virtuelle Teams. https://organisationsberatung.net/virtuelle-teams-fuehren/

Helbig, Karolin / Norman, Minette (2023): The Psychological Safety Playbook. Lead More Powerfully by Being More Human. Vancouver: Page Two.

Hesse, Jürgen / Schrader, Hans Christian (2024): Präsentationen strukturieren. Präsentationsziel und Methoden. https://www.berufsstrategie.de/bewerbung-karriere-soft-skills/praesentation-aha-smart-aida-prinzip.php

Hougaard, Rasmus / Carter, Jaquline (2022): Compassionate Leadership: How to Do Hard Things in a Human Way. Boston: Harvard Business Review Press.

Janni, Nicholas (2022): Leader as Healer: A new paradigm for 21st century leadership. London: LID Publishing.

Kompetenzzentrum Fachkräftesicherung (2023): Virtuelle Teams führen. https://www.kofa.de/personalarbeit/personalfuehrung/alternative-fuehrungsformen/virtuelle-teams-fuehren/

Liberating Structures (2024). https://www.liberatingstructures.com/

McKinsey & Company (2020): Diversity wins. How inclusion matters. https://www.mckinsey.de/news/presse/2020-05-19-diversity-wins

Meyer, Erin (2018): Die Culture Map. Ihr Kompass für das internationale Business. Aus dem Englischen von Marlies Ferber und Andreas Schieberle. Weinheim: Wiley-VCH.

Meyer, Erin (2014): The Culture Map. Decoding How People Think, Lead, and Get Things Done Across Cultures. New York: Public Affairs.

Meyer, Erin (2024): https://erinmeyer.com/

Meyer, Erin (2023): The Pitfalls of Giving Feedback Across Generations. https://knowledge.insead.edu/career/pitfalls-giving-feedback-across-generations

Nepomnyashcha, Natalya mit Naomi Ryland (2024): Wir von unten. Wie soziale Herkunft über Karrierechancen entscheidet. München: Ullstein

NewWork@Telekom Magazin (2024): Zuversicht. https://www.telekom.com/de/konzern/details/new-work-zuversicht-1027458

Pearson Skills Outlook (2022): Power Skills. https://info.credly.com/powerskills

Philipp (2022): Zenjob Gen-Z-Studie 2022: Das wünschen sich junge Arbeitnehmer*innen von ihrem Job. https://www.zenjob.com/de/ressourcen/gen-z-studie-2022/

Potential Project (2024): Mitfühlende Führung. https://de.potentialproject.com/wise-compassionate-leadership

Rock, David (revised and updated 2020): Your Brain at Work: Strategies for Overcoming Distraction, Regaining Focus, and Working Smarter All Day Long. New York: Harper Business.

Sarasvathy, Saras D. (2001): Causation and effectuation: Toward a theoretical shift from economic inevitability to entrepreneurial contingency. In: The Academy of Management Review. Vol. 26, Nr. 2, S. 243-263 (21 Seiten).

Schein, Edgar H. / Schein, Peter A. (2023): Humble Leadership. The Power of Relationships, Openness, and Trust. Oakland: Berret Koehler Publishers.

Stoker, Josephine (2015): Why Your Teammates Aren't Speaking Up – The Asian Perspective. https://www.linkedin.com/pulse/why-your-teammates-arent-speaking-up-asian-josephine-stoker/

Sturm, Mike (2022): Erin Meyer – Lead, Negotiate, and Get Things Done Across the World. https://www.nbforum.com/newsroom/events/nordic-business-forum-2022/erin-meyer-lead-negotiate-and-get-things-done-across-the-world/

Ullrich, Sebastian / Schalück, Marc / Sander, Thilo / Wieland Jennifer (2023): Das schlummernde Potenzial der»First-Generation Professionals«. Herausforderungen der First-Gen Professionals und Wege, ihr volles Potenzial auszuschöpfen. Boston Consulting Group 2023 https://www.bcg.com/publications/2023/swiss-german-das-schlummernde-potenzial-der-first-generation-professionals

Unsplash (2024): Die zentrale Adresse für Bildmaterial im Internet. Erstellt von Kreativen aus der ganzen Welt. https://unsplash.com/de

World Economic Forum (2020): The Global Social Mobility Report 2020. Equality, Opportunity and a New Economic Imperative. https://www.weforum.org/publications/

zukunftsInstitut (2024): Jobs der Zukunft. Trendradar für die Haufe Akademie. https://www.zukunftsinstitut.de/haufe-akademie-trendradar-jobs-der-zukunft

SACHREGISTER

DANKSAGUNG

Du hättest das Buch nicht in der Hand, wenn ich nicht letztes Jahr mit Freunden ein paar Tage auf einem Boot gewesen wäre: kontinuierliche Präsenz zugewandter Menschen und keiner kann weg. Eine ungewöhnliche Situation. Im Gespräch über Pläne und Träume entstand die Idee zu diesem Buch. Hätte sie nicht so viel Interesse ausgelöst, angeregte Debatten und humorvolle Erfahrungsberichte, hätte ich sie vielleicht aus den Augen verloren wie meinen Sonnenhut auf den tanzenden Wellen. Insofern: Herzlichen Dank an die Crew für Flügel an der Seele – allesamt Führungskräfte in den unterschiedlichsten Branchen.

Ebenso herzlichen Dank an Familie und Freundinnen, Unterstützer, Wegbegleiterinnen und Gesprächspartner für Inspiration, Hingabe und Geduld. Besonders:

Alejandro, Alex, Andreas, Anne, Christiane, Cris, Dennis, Fabiana, Flora, Frank, Harald, Heike, Isa, Javi, Joan, Kai, Lorenzo, Lutz, Micha, Nastia, Natalie, Nelson, Nicole, Peti, Pia, Tante Britta, Thomas, Ulla, Ute.

Meine größte Bewunderung gilt Roberto Ferraro, dem Grafiker. Seine Illustrationen sind die visualisierte Verkörperung des kreativen Scharfsinns.

Du kannst Dir vorstellen: Nichts interessiert mich mehr als Deine Erfahrungen und Dein Feedback. Schreib mir gern auf LinkedIn – lass uns dieses relevante Thema in seinen vielfältigen Facetten diskutieren und vertiefen. Ich freue mich darauf!

ÜBER DIE AUTORIN

Melanie von Groll ist eine multikulturelle Einheit. Schon ihre Großeltern haben in Mexiko geheiratet und an der Grenze zu Guatemala Kaffee angebaut. Ihre Kindheit verbrachte sie in Südafrika, zusammen mit zwei Brüdern und drei Hunden. Nach ihrem Abitur in Deutschland verlegte sie ihren Studienschwerpunkt auf Mexiko und arbeitete anschließend einige Jahre in Spanien. Ihre Lebenserfahrung auf verschiedenen Kontinenten schärfte ihr Gespür für interkulturelle Unterschiede und Gemeinsamkeiten. Seit über 20 Jahren berät sie Führungskräfte, Teams und Talente in Fragen der globalen Zusammenarbeit und in Phasen der Transformation. Zurzeit lebt die Mutter von zwei erwachsenen Söhnen in Frankfurt.

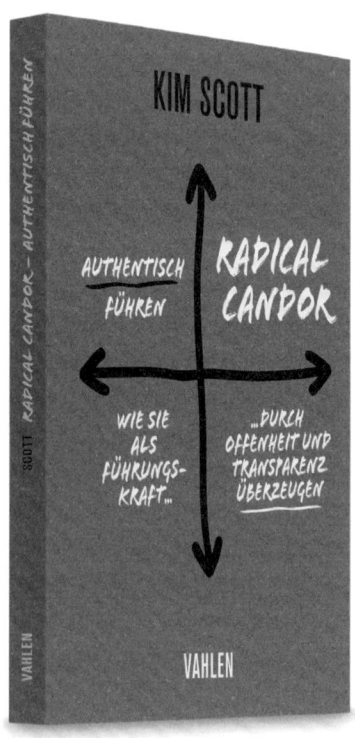